JN117081

小さい頃、ぼくは……

つらいことがあると、
虫に話しかけていた。

大人になったぼくは、
あいかわらず
つらいことも
多いけれど、
す…すんません…

いったいだれに話せば、
いいのだろう。

お盆休みで
実家に帰った
ぼくは、

昔、
虫取りをしていた
雑木林へ。
なつかしいなぁ

ササササ
あぶね
奥のほうへ
進んでいくと、

カサ
カサ

もしも
虫と
はっ
あーいそがし

話せたら
なにみてんだよ、
ホッホッホ、

虫は人間より、約５億年先輩だ。

突然ですが、みなさんは「先輩」と聞いてだれの顔を思い浮かべるでしょうか？　部活の先輩、会社の先輩……まさか昆虫を思い浮かべる人なんていないでしょう。でも、地球上の生き物として、昆虫は人間のずっとずっと先輩なんです。

人類が誕生したのは約７００万年前。一方、昆虫が誕生したのは、今から約４億８千万年前。人間が現れる約５億年も前から、昆虫は地球上を生き抜いてきているのです。

昆虫は、その種の数も群を抜いています。人間などの哺乳類が約６千種であるのに対し、昆虫は約１００万種。地球上の生き物は、約75%が昆虫なのです。しかも、いまだに毎年新種が見つかっていて、今のペースで新種の発見と記録を進めていると、全ての昆虫を記録するにはあと５００年かかるとも言われています。地球上で一番繁栄しているのは、人間ではなく昆虫なのです。

この本の舞台は、夏のとある雑木林。職場の人間関係がうまくいかず、生き方に悩む青年・太郎くんが、しゃべる昆虫たちと出会い、「生き物としての先輩」である彼らから「自然の鉄則」を学んでいきます。

もしも虫と話せたら……彼らはいったい、どんなことを教えてくれるのでしょうか。

夏田太郎（29歳）

職場の人間関係に悩んでいる。
現在、夏休みで実家に帰省中。
ログセは「確かに……」。

目次

※本文は、小学6年生以降に習う漢字や、読みにくい漢字にルビを入れています。

「特徴×特徴」で
突き抜けよう！

ヘラクレスオオカブト

→ P.132

長所と短所は、
表裏一体なのよ。

オオコノハムシ

→ P.120

距離が近いと、
もめやすいんです。

クサカゲロウ

→ P.162

思いは伝えなきゃ、
思ってないのと同じさ。

ピーコックスパイダー

→ P.150

「何を守るか」とは、
「何を手放すか」ですよ。

ウラナミシジミ

→ P.190

「みんなの幸せ」と
「個人の幸せ」は、
意外と一致しない。

ニホンミツバチ

→ P.176

本当に夢中になると、
不満を抱くヒマが
なくなる。

→ P.216

傷つかないのは
強さじゃない。
再生するのが
真の強さじゃ。

エダナナフシ

→ P.202

ほしいなら、
まず、あげよう。

クロオオアリ

ハチ目アリ科

分布 日本など

体長 7〜12mm（働きアリ）
約17mm（女王アリ）

アリって、みんなで助け合って暮らしてるから偉いですよね。

そんなの、人間も一緒じゃないですか。

いや、全然ですよ。特に大人になれば打算的になるから。

打算的？

自分に得がないと、動かないんです。

例えば？

ぼくがどんなに忙しそうにしてても、みーんな見て見ぬフリ。うちの会社、「自分が良ければそれでいい」って雰囲気がすごくて。「助けてほしい」って思っても、だれも助けてくれないんです。

まあ、生き物って本来そういうもんですからね。

なんか……冷たいなぁ。

アリの立場から言うと、打算的に生きるっていうのは……

生きていくためにとても自然なことです。だから全然アリです。

アリアリです!

……でも、君たちは打算的というより、みんなが相手のことを思いやって生きてるんでしょう？

いいや、全然。

えっ？

ぼくは1匹じゃ生きていけない。「助けてほしい」「手伝ってほしい」から、他のアリと協力してエサを探したり、子供の世話をしたりしてるんですよ。まずは自分のためです。

ふーん、でもそれがうまく回ってるからうらやましいです。

そうだ、1ついいことを教えてあげましょう。ぼくたちアリは、ある虫と協力して生きています。ご存じですか？

アリが他の虫と協力？　聞いたことないですね。

では答えを発表します。なんと……

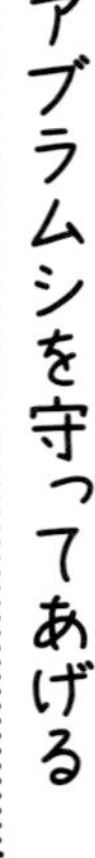
アブラムシを守ってあげる

そのかわり

アブラムシから蜜をもらう

アブラムシです。ぼくらはテントウムシからアブラムシを守ってあげて、そのかわり、アブラムシから甘い蜜をもらうんです。「守ってあげる」と「蜜をもらう」の関係。これぞまさに

「ギブ アント テイク」。※

いや、うまいですけど……。

生き物は打算的です。だから

「何かほしい」と思ったら、まずは「何かあげる」。

他の虫たちだって、だれでも知ってる「自然の鉄則」ですよ。

まさかアリから生き方を教わるとは……でも、「できるだけギブを少なくしてテイクを多くしよう」とか考えないんですか？

そう考えちゃう生き物は……

※ 本来は「ギブ アンド テイク（give and take）」。アリは英語で「アント（Ant）」。

最終的には必ず損をします。一時的に得することはあってもね。セイタカアワダチソウ※1ってご存じですかね？　この植物……**超嫌われてるんです。**自分たちだけが成長できるように、他の植物が成長しにくくなる化学物質を出して、それで一面をセイタカアワダチソウだらけにしちゃうから。

すごっ。周りの土地を横取りするんですね。

でも、**その化学物質で自分も枯れちゃうんです。**

……他人の足を引っ張ることを意識しすぎて、自分の仕事が進まない、みたいな。

まさにそれですね。ちなみに、他の植物を枯らしてしまう外来植物だから、人間からも結構嫌われてるみたいですよ。風では花粉を飛ばさないのに、「花粉症になる植物」って誤解されたり……まさに**風評被害！**※2

※1　**セイタカアワダチソウ**
黄色の花が咲く外来植物。日本全国で見られ、「日本の侵略的外来種ワースト100」に指定されている。根から化学物質を出し、他の植物の成長をさまたげる。この作用を「アレロパシー」と呼ぶ。ただし、化学物質を出しすぎると自分にも被害が及ぶ。

うまいけど……もう、そういうのいいですから。

セイタカアワダチソウみたいに、いったん悪いイメージがつくと、なんでも悪くとらえられちゃいますからね。だから本気で自分の得を考えるならやっぱり、**奪い合うんじゃなくて、与え合うのが一番です。**他者から「助けたい」って思ってもらえる存在になることがホント大切。ぼくはアブラムシを守ってあげたいと思っているし、アブラムシはぼくに蜜をあげたいと思っている……理想的な関係と思いませんか？

確かに、いいことを教えてもらえた気がします。

ついでにもう1つ、どうでもいいことを教えましょう。アブラムシがくれる蜜って、どこから出ると思います？　実はね……

※2　セイタカアワダチソウの花粉はハチなどが運ぶ。風で花粉が運ばれるブタクサと見た目が似ていることもあり、「花粉症になる花」と誤解されていたらしい（ブタクサは花粉症になる花）。

アブラムシのオシリから出る蜜を、ぼくは吸ってるんです。

マジですか……。

あま〜い関係でしょう？

絶対イヤです。

クロオオアリの教え

生き物なら、打算的に生きて当たり前。でも、自分だけの利益を考えて行動すると、長期的には絶対に損をします。他人を意識しすぎて無駄な時間が増えたり、周りに嫌われて攻撃されたりしますから。**自分の利益を考えるのなら、まずは相手に利益を与えて、「この人を助けたい」「この人と一緒にいたい」と思ってもらえる存在になること。**結局、他者と強い協力関係を作ることが、一番得をする生き方なんです。さあ、**奪い合うより、与え合いましょう。**

ギブアンドテイク

あ、おいしそうなアブラムシ!!
ギャーたすけて〜
助けにきたぞ!!アブラムシくん!!
どきなさいよ。なんでアリが助けるのよ。
アブラムシを…
それはね!!
ボクはミツをもらうかわりに助ける!!
ボクは守ってもらうかわりにミツをあげる!!
くっ…これが…
ギブアンドテイクのちから!!

こっちも
プレゼントあげるから
そこどいて
あ、
それなら…
ちょい!!

共生と寄生

【共生】

生き物が一緒に生きていくことを「共生」と言います。その中でもお互いに利益がある関係を「相利共生」、片方にしか利益がない関係を「片利共生」と言います。

・**相利共生** 例えばクロオオアリがアブラムシを守るかわりに、アブラムシから蜜をもらうのは相利共生（P16）です。また、花の蜜を吸う昆虫と、花粉を昆虫に運んでもらう花の関係も相利共生ですね。

面白いのがアカシアアリとアカシアの関係。アカシアアリはアカシアの樹液などを食べ、アカシアのトゲの中を巣にして生きています。そのかわり、アカシアの葉を食べる昆虫を追い払ったりするのです。一説によると、アカシアの樹液には、他の植物の樹液を消化できないようにする成分があるとか。つまりアカシアアリは、アカシアの樹液を食べているうちに「アカシア依存症」になってしまうわけです。

・**片利共生** 例えばカニムシは、はねがなく、テナガカミキリにくっついて移動します。

アカシアアリとアカシア

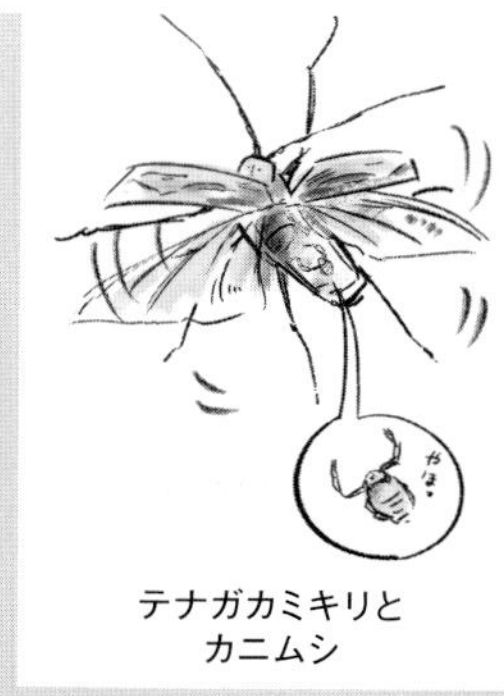
テナガカミキリと
カニムシ

これはカニムシにだけ利益があるので、片利共生です。ちなみにカニムシは昆虫ではなく、クモと同じ節足動物です。

【寄生】

他の生き物から栄養を取って生きることを「寄生」と言います。例えばアオムシコマユバチは、キャベツの葉にいるモンシロチョウの幼虫に針を刺し、体内に卵を産みつけます。卵からかえったアオムシコマユバチの幼虫は、モンシロチョウの幼虫を食べて大きくなるのです。もちろん、モンシロチョウの幼虫は死んでしまいます。

では、これをキャベツの視点から見てみましょう。キャベツにとって、葉を食べてしまうモンシロチョウの幼虫は天敵。そのため、キャベツは葉が食べられると、においを発してアオムシコマユバチを引き寄せます。アオムシコマユバチにモンシロチョウの幼虫の居場所を教えることで、結果的に退治してもらっているのです。つまりキャベツとアオムシコマユバチは、相利共生の関係を築いていると言えそうです。

アオムシコマユバチと
キャベツ

「常識」って、わりと「偏見（へんけん）」。

オオスズメバチ

ハチ目スズメバチ科

分布 日本など

体長 27〜39mm（働きバチ）
37〜44mm（女王バチ）

うわっ！　ハチ！　スズメバチだ！　逃げろー！

ちょっと待って！　ぼくは刺さないから大丈夫！

何言ってるんですか！　スズメバチは刺す！　常識でしょう！

はぁ……君たち人間の言う「常識」にはホントあきれちゃうよ。完全に誤解なのにさ。スズメバチがみんな刺すと思ってんの？

じょ、常識でしょう。

じゃあ君の常識が今日、見事にくつがえるよ。

ぼくは刺さないスズメバチです。

マジで何言ってるんですか？

じゃあ刺そうか？

わぁぁやめて！

冗談だよ、ぼくは刺したくても刺せないんだ。なぜなら……

オスのハチは、刺さないんだ。※

ぼくには針がないの。

ええええええ！

※ ちなみに、スズメバチのオスの数は、メスよりかなり少ない。また、一般的に外に出て働くのはメス。

針はもともと産卵管が変化したものだから、メスだけのものなんだよね。

……知らなかった。刺さないスズメバチがいるなんて。

あ、刺さないカもいるよ。

えええええ！

君、リアクションがすごくいいから、もっと教えてあげたくなるなぁ。君たちを刺すのはメスのカで、オスのカは刺さないんだ。オスメスどちらも普段は花の蜜を吸っていて、メスは産卵の時期だけ栄養をとるために人の血を吸ったりするんだよ。

ぼくの常識がどんどんくつがえっていく……。

よし、こうなったら君の常識をまとめてくつがえしちゃおう。いくよ、一気に言うからね、せーの……

コオロギはあしで音を聞く

耳が前あしの外側にあるんだ。

毒のない毛虫もいる

もちろんチャドクガやイラガなど、毒の毛をもつ毛虫もいるけどね。

モンシロチョウは外来種

日本のチョウだと思ってるかもしれないけれど、実はヨーロッパが出身地だよ。

ガとチョウの明確な区別はない

これは40ページで詳しく説明するね！

クワガタのはさむ部分はツノじゃなくてアゴ！

カブトムシはツノ、クワガタはアゴを使って戦うんだ。

チョウはあしで味を感じる

あしの先にある毛で味を感じているよ。

多くのゴキブリは外で暮らしている

世界にいるゴキブリは約4千種。そのほとんどは、森などで暮らしているんだ。

いい匂いの
カメムシもいる

臭いことで有名なカメムシだけど、オオクモヘリカメムシは青リンゴっぽい匂い！　まぁ、感じ方には個人差もあるだろうけどね。

タガメはオシリで
呼吸する

水の中で暮らしていて、オシリにある呼吸管から空気を取り入れるんだって、ププ。

おとなしい
カブトムシや
クワガタもいる

種によって性格が違うんだ。例えばゾウカブトの仲間やニジイロクワガタはおとなしいけど、コーカサスオオカブトやパリーフタマタクワガタは気性が荒いよ。

テントウムシは
夏に眠る

冬眠に対して「夏眠」と言うよ。

光るホタル
（成虫）は
とても少ない

日本にいるホタルは約50種。そのうち成虫が光るのは15種程度だよ。

アゴ⁉　クワガタのあの部分、アゴ⁉

君……リアクションだけは100点満点だね。

いやぁ、ホントに全部驚きましたよ！　モンシロチョウって勝手に日本のチョウだと思ってました。あと、テントウムシが夏眠する※とかびっくり！　冬眠の逆があるなんて。

でしょ。君たち人間は年を重ねるうちに、常識という枠にはまってしまうんだ、それが間違いだとも気づかずにね。「ハチ＝刺す」と思い込んじゃってた君みたいに。

なんか……トゲのある言い方ですね（針ないくせに）。

もちろん枠にはめるのが、全部悪いってわけじゃない。枠にはめるメリットは大きく2つある。1つ目は、「分かりやすい」ってことだ。例えば「日本人＝勤勉」「欧米人＝自由」とか、枠にはめちゃえば頭

※ 真夏になるとアブラムシが減るため、普段アブラムシを食べるナナホシテントウは草の根元や落ち葉の下で夏眠をする。ちなみに冬眠もする。

にスッと入って伝わりやすいからね。

確かにすぐ覚えられます。

2つ目は、「すごく楽」ってこと。一度枠にはめたら、それ以上考えなくていいから。「勤勉じゃない日本人もいるぞ」とか「そもそも日本人ってホントに勤勉？」とか、そういう面倒なことは考えずに話を進められるだろう？

でもそれって、なんだか危険な気が……。

そうなんだよ。安易に枠にはめてしまうと、枠にはまらない部分を切り捨ててしまう危険性がある。それだけじゃない。そもそも枠自体が間違っていても、気づかず理解した気分になってしまう。まるで……

さっきの君のようにね。

そういえば「ハチが刺すのは常識」とか言ってた人がいたなぁ。

はいはい、ぼくです、ごめんなさい（しつこい……）。

常識と偏見は隣り合わせなんだ。「枠にはめるのは絶対ダメ」とは言わないけれど、知らないうちに偏った考え方をしてし

まうリスクがあるから注意しないとね。

確かにSNS※とか見てると、偏った考えを「常識だろ」みたいな感じで押しつけてる人もいるからなぁ。

あぁ、SNS……ホント、理解できないね、あれは。

偏見だらけですよね。

いやSNSはマジで分からないわ。……で、何？　SNSって？

知らないなら無理に合わせないでください。

Sスズメバチは　N人間を　S刺す？

確かにそれは偏見の塊だよ。

（しつこすぎる）……もう巣に帰っていいですよ。

いやいや、何を言ってるの君。ぼくは……

※SNS：ソーシャルネットワーキングサービス（Social Networking Service）の略。

りかえれないんだ

巣に帰れないんだ。

オスは交尾の時期が終わると、巣を出ていかなきゃいけなくてね。ちょうど交尾の時期が終わっちゃってさ。※

えええええ！

何ビックリしてるんだい？男の常識だろう？

超偏見ですよ！

※ 交尾の時期が終わると、スズメバチの女王は巣を出ていき、交尾ができなかったオスたちも新しい女王バチを求めて飛び立っていく。

オオスズメバチの教え

常識という枠にはめるのは手軽で簡単だけど、誤って認識するリスクも大きいよ。「常識と偏見は隣り合わせ」「自分の常識は他人の非常識」かもしれないってことを、いつも頭の片隅に置いておこう。

誤解（ごかい）

※実際には、オスのハチと人間が出会うのはかなりレアなことです。

ヒイイイイ
だから
ささないって〜

ムシできない
コラム
2

チョウとガは違うのか

チョウとガについて、一般的に言われている特徴がいくつかありますが、次のうち、どれが正しいでしょうか。

A　昼に飛ぶのがチョウ。夜に飛ぶのがガ。

B　毛のないイモムシはチョウの幼虫。毛虫はガの幼虫。

C　チョウはきれいなはね。ガは地味なはね。

D　チョウの触角の先は丸い。ガの触角の先はとがっていたり、ギザギザしている。

E　はねを開かずにとまるのがチョウ。はねを開いてとまるのがガ。

実は、どれも完全な正解とは言えません。チョウとガは、見た目や行動の特徴だけでは、正確に分類できないのです。

アゲハチョウ

ドクガ

ギフチョウの幼虫

A　昼と夜　基本的にチョウは昼に、ガは夜に飛びます。しかし、昼に飛ぶガも多くいますし、夜に飛ぶチョウもいます。

B　イモムシと毛虫　ガの幼虫には、毛のないイモムシもいます。逆にギフチョウなどの幼虫は毛虫です。

C　はねの色　ニシキツバメガやサツマニシキといったガは、きれいなはねをもっています。逆にセセリチョウやタテハチョウの仲間は、地味なはねのものも多いです。

D　触角の形　ベニモンマダラ（ガ）などは、触角の先が丸くなっています。逆にイチモンジセセリ（チョウ）などは、触角の先がとがっています。

E　とまり方　はねを開かずにとまるガも、はねを開いてとまるチョウも多くいます。

ちなみにチョウは約1万8千種いて、ガはなんと約12万種。しかし、どちらもチョウ目（チョウの仲間）に分類されます。……ガにはちょっと気の毒にも感じますね。

サツマニシキ

相手を変えるより、
自分を変えたほうが
早いぞ。

サバクトビバッタ

バッタ目バッタ科

分布 アフリカ※

体長 約50mm

オマエ、アリと話してる時に「忙しい自分を、周りの人が助けてくれない」とかぼやいてたな。

え？　あぁ……でもホントですからね（ケンカ腰だな）。

つまりオマエは、「周りに助けてほしい」と思ってるわけだ。それってさ、ある意味、周りに期待してるってことだよな。「みんなが変わってくれたらいいいな」って。

……。

逆に言うとさ、「自分は変わらなくていい」と思ってるだろ。

そ、そんなことは思ってないですよ！

いや、オマエは思ってる。「ぼくは悪くない。周りが悪い」って思ってる。しかもその悪いヤツらに「変わってほしいな～」って期待してる。それってさ……

※2020年には、アフリカで発生したサバクトビバッタがインドまで移動して話題となった。

ありえない発想だよね。

いやホントありえないわ。エサを見つけられない時に、「ぼくは悪くない。周りが悪い」って不満を言いながら、自分では何も行動せずに死んでく虫くらいありえない

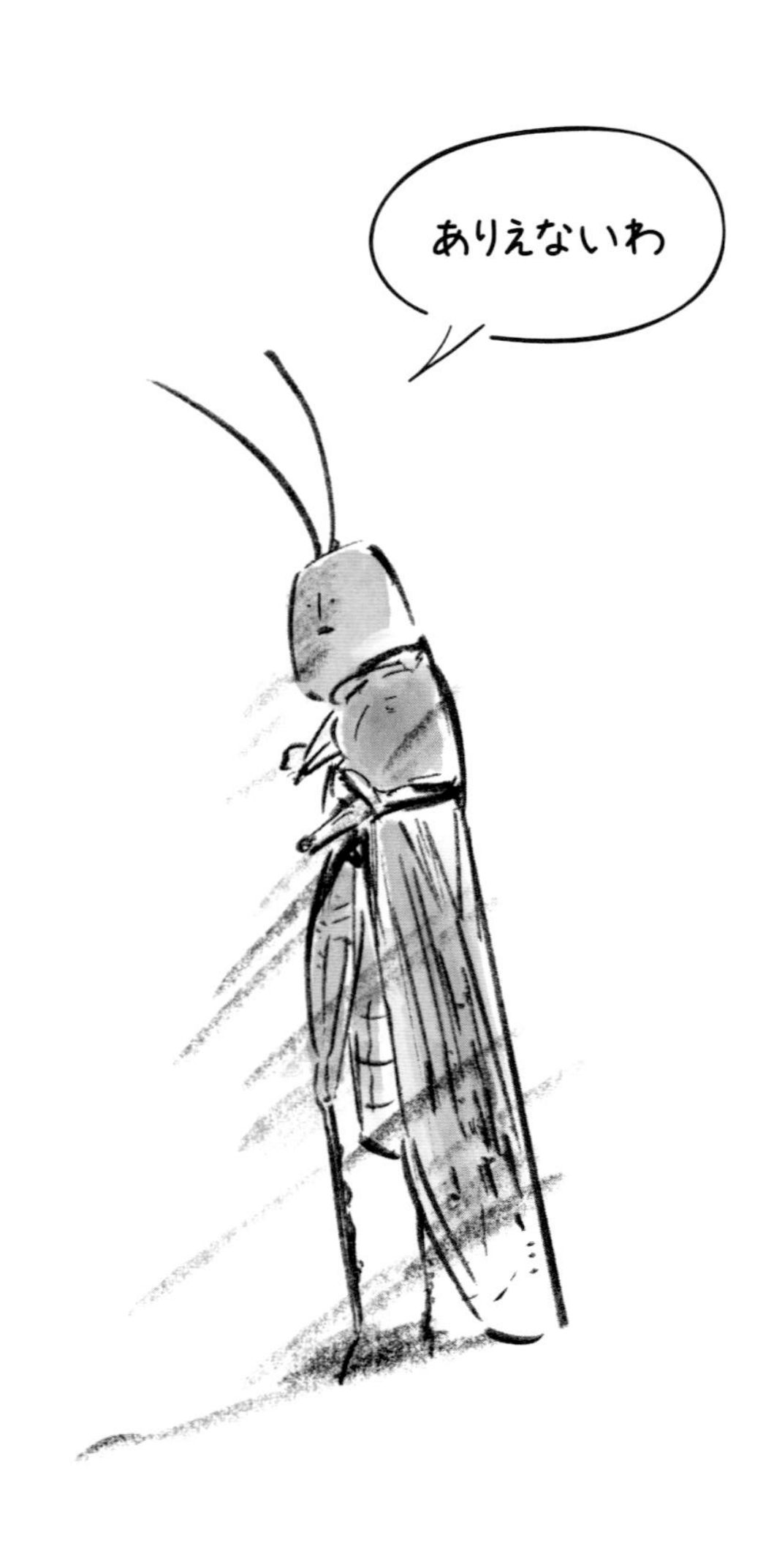

わ。っていうかそんな虫、見たことある？

いや……そもそもしゃべる虫に会うの、今日が初めてですし。

こっちはみんな必死だからね。相手や環境の変化を待ってたら、「あら突然エサが降ってきた、ぼくってラッキー」みたいな、**そんな虫がいい話、**※1 **ないから。**

……（ここでダジャレ必要？）。

オレのじいちゃん※2もな、オマエみたいにぬるいタイプだった。なんとな〜く1匹で暮らして、なんとな〜く草に隠れて、なんとな〜く草を食べて……**いわゆる草食系**ってやつだな。

ちょいちょい放り込んできますね。

でも、時代は変わった。食べものに困る時代に生まれたオレは、そんなぬるい生き方はできない。だから……

※1　虫がいい：自分の都合だけを考えて、身勝手なこと。ずうずうしいこと。

※2　サバクトビバッタのおじいちゃん

生き方を変えたんだ。 群れで食べ物を探すスタイルにな。みんなで大移動するために、※1はねを長くして性格もガツガツ系になった。※2はいここで質問。オレとオマエの違いが何か分かるか？

※1 サバクトビバッタの群れによる農作物の被害は、アフリカ近辺の人々を悩ませている。1954年にケニアで発生したサバクトビバッタの群れは、推定500億匹とも。ちなみに、かつては日本でもトノサマバッタによる被害があった。

えーっと……全部。

ホント、オマエはキング・オブ・ポンコツだな。オレとオマエの違いはな、苦しい状況でだれを変えようとするか、ってことだ。

オマエは苦しい時、相手を変えようとする。

オレは苦しい時、自分を変える。 違いはそこだけだ。

イラッとしますけど、わりと反論の余地がないですね……。

オマエ、自分を変えるより相手を変えるほうが楽って思ってるんだろ？　でも実際は相手を変えるほうがずっと難しいぞ。相手にだって意思があるからな。こんな名言がある。

「相手を変えようとする者は滅ぶ。

自分を変えようとする者は生き残る」。

おぉ、確かに偉人の名言っぽい。だれの言葉ですか？

※2　サバクトビバッタは通常、緑色であしが長く、はねが短い。また単独で行動する（孤独相）。しかし、食べ物が少なかったり仲間が多かったりすると、体の色が黄色や茶色に変化し、あしが短く、はねが長くなる。さらに性格は凶暴化。群れになって移動するため「群生相」と呼ばれる。

キング・オブ・サバクトビバッタであるオレ様の名言だ。

（聞かなきゃよかった）

まぁ結局のところ、自分の力で一番変えやすいのは自分自身だぞ。

一番変えやすいのは自分自身だぞ。

2回も言わないでください！

苦難（くなん）に陥（おちい）った時は、まず、変えられないものと変えられるものを冷静に見分ける。そして変えられないものはいったん受け入れ、変えられるものに目を向ける。それが「自然の鉄則」なんだ。だまされたと思って1回自分を変えてみろ。「周りが助けてくれない」と思うんじゃなくて、「自分を成長させるチャンス」と思い込んでみるとか。

いやいや、そう簡単には変えられないですよ。

まあな。人間は環境に合わせて自分を変えるより、自分に合わせて環境を変えてしまう生き物だからな。難しいことは分かる。

っていうか、さっきからぼくばかり責められてますけど、君だってそんなに大群で暮らしてたら、仲悪いヤツとか絶対いるでしょ？
ケンカしたりしないんですか？

ケンカ？　もちろんあるよ。っていうか……

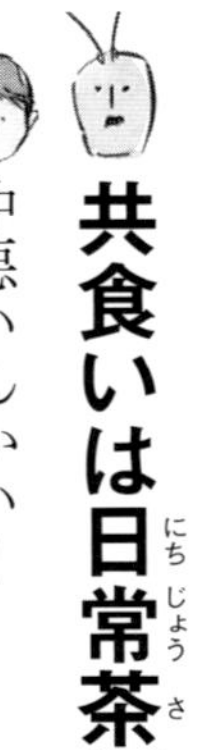

共食いは日常茶飯事。※

仲悪いんかい！

こればかりは周りのヤツらが変わってくれないと、どうしようもないだろ？　オレは悪くない。

とりあえずさっきの名言撤回してください。

※ 群生相のサバクトビバッタは、群れにいる別の個体を食べようとする。もはや仲間ではない。

サバクトビバッタの教え

つらい時、周りを変えようとしないこと。だって、**自分を変えるほうが間違いなく簡単だから。**自分の力で周りを変えられるなら、そもそもつらい目になんてあわないだろ？　勝手に周りが変わってくれるなんて、そんなラッキーな話、そうそうないだろ？

何度でも言う。**一番変えやすいのは自分自身だぞ。他人が変わってくれることに期待するな。**自分自身に期待しようぜ。

発想の転換（てんかん）

草よ〜〜
はえてくれえぇぇ〜!!
……
おなかがペコペコだよ〜
う〜う〜う〜う〜
そんなことしてもムダだよ
じゃあ…どうしたら
ゲッソリ
知らないー。
ボクらはとべるからあっちの草までいけるけどねー
あそっか!!
とべばいいのか!!
バッ
まってろ!
草!!!
えええええ…
とんだ〜〜

ア〜〜まんぷく
ここの草もなくなっちった・・・
よし!
またとぶか

ムシできないコラム 3

昆虫たちの適応力

サバクトビバッタ以外にも、環境に合わせて自分を変えたり、自分に合う環境を探したりする昆虫がいます。

【オオムラサキの幼虫】

枯れ葉に似たオオムラサキの幼虫

日本の国蝶（国を代表するチョウ）・オオムラサキの幼虫は、季節によって体の色が変わります。夏に生まれた幼虫は、植物の葉の色に似た緑色の体。脱皮を繰り返し、冬には枯れ葉に似た茶色い体になります。さらに春になると、再び脱皮して緑色に。敵に狙われないよう、環境に合わせて体を目立たない色に変えているのです。

葉っぱに似たオオムラサキの幼虫

【オオカバマダラ】

オオカバマダラは、カナダとメキシコの間を移動するチョウです。その距離、約3千km！彼らは8月の終わり頃までカナダとアメリカの国境付近で過ごすと、寒さをしのぐために南へと飛び立ちます。やがてメキシコにたどり着くと、11月から3月までの間、モミの木などにとまって越冬。1本の木に数十万ものオオカバマダラが身を寄せ合ってとまるため、時には枝が折れてしまうこともあります。暖かくなる3月の終わり頃になると、再び北へ飛び立ち、世代交代を繰り返してカナダへ。その途中で幼虫はトウワタという毒草を食べ、体内に毒をためこみます。鳥などの外敵に狙われないためです。

　他にもアサギマダラというチョウは、夏を日本で過ごし、秋になると南へ飛び立ち、冬を台湾で過ごします。また、「アカトンボ」の仲間として有名なアキアカネは、夏になると暑さをしのぐために高原へ移動し、涼しい秋になると低地に戻って産卵。卵の状態で越冬して、暖かくなる4月頃に幼虫（ヤゴ）が生まれます。

　ここで紹介した昆虫以外にも共通して言えること、それは「環境に適応したものだけが生き残る」という厳しい現実です。

オオカバマダラ

「楽」と「楽しい」は
別物です。

プルプルする〜

サカダチゴミムシダマシ

コウチュウ目ゴミムシダマシ科

分布 ナミブ砂漠（さばく）

体長 約15mm

君、さっきババビバに怒られてたでしょう？

ババビバ？

あ、サ**バ**クト**ビバ**ッタのことですよ。

略し方！

彼、ちょっと変わってますよね。「相手を変えるより、自分を変えろ！」みたいなこと言ったりして。

まさにそんな感じの名言とともに説教されましたよ。

ストイックすぎるんですよね、生きるために体の色もはねの長さも性格も全部変えちゃって。ぼくも彼と同じアフリカで暮らしてるけど、あそこまでストイックにはなれないなぁ。

っていうかずっと疑問なんですけど、君、さっきから……

なんでずっと逆立ちしてるんですか？

逆に聞くけど、なんで君は逆立ちしないんですか？　こんな絶好のチャンスに。

チャンス？

ぼくが住んでる砂漠はすごく乾いていて、雨がほとんど降らないから、水がとても貴重なんです。だから逆立ちをします。

……「だから」の意味が分からないんですけど。

察しの悪い人ですね。今日みたいな霧の出た時は、体に水滴がつきやすいでしょ。だから逆立ち状態でジッとするんです。※ そうすると、しばらくしたら体についた水滴が口のほうに流れてきて、水が飲めるじゃないですか。すぐに分かってくださいよ。

絶対無理ですよ！　ちなみにどれくらい逆立ちしてるんですか？
30分とか？

いやいやいやいやいやそれはちょっと……

じゃあ15分くらい？

いやいやいや……

5分とか？

いやいや……

※ サカダチゴミムシダマシは、海からの水蒸気がやってくる霧の夜に逆立ちをする。体の表面は細かい粒で覆われていて、霧の水分が結露しやすいようになっている。

そんな短くないです。数時間ですかね。

ドM!

まあ、霧が出る日が10日に1回くらいしかないですし。もともとぼくの住む砂漠は、「地球で最も乾燥した地域」と言われてますからね。水を得られるチャンスは逃したくないので。

水を飲めない日がほとんどじゃないですか! むしろサバクトビバッタよりストイックな気が……つらくないんですか?

逆に聞くけど、つらいことなしに、うれしいことがあるなんて思ってるんですか?

えっ?

あぁそうだ、君は察しが悪い人でした。では具体例を挙げるから、実際に体感してもらいましょう。君はこのあと、この雑木林から出

るつもりだったんでしょ？　でも、残念ながらここからは出られませんから。

……何言ってるんですか？　ぼく昔、何度もここで遊んでましたから。

いやいや、君、昔はこんな奥まで入ってこなかったでしょ？　この雑木林、奥まで入っちゃうと二度と出れないんですよ。ぼくたちは「一方虫行の森」と呼んでます。

えっ？　意味分かんないんだけど！

かわいそうに。何も知らずにここへ来てしまったんですね。まさに**飛んで火に入る夏の虫。**※

ちょっ……もしかしてホントに帰れないの!?　マジありえない！

※飛んで火に入る夏の虫：みずから進んで危険や災難に飛び込むこと。

なーんてウソですよ。

えっ……?

ちゃんと帰れますよ。冗談です。

腹立つけど……よかったぁ~。ホントによかったぁ~。って、なんでそんなウソついたんですか!

逆に聞くけど、「帰れない」と聞いた時、どんな気分でした?

絶望ですよ、絶望。地獄の底に落とされた気分。

「帰れる」と知った時は?

うれしくてホッとして天にものぼる気分でしたね。

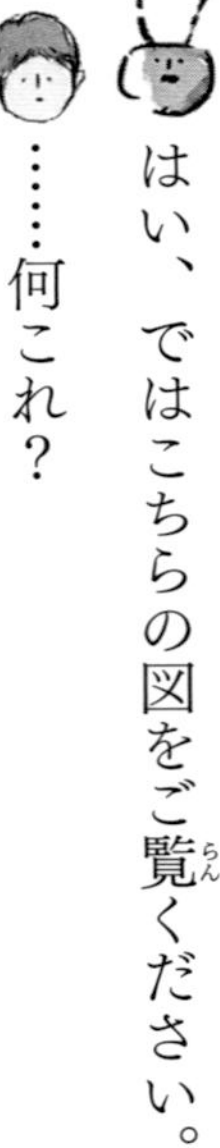

はい、ではこちらの図をご覧ください。

……何これ?

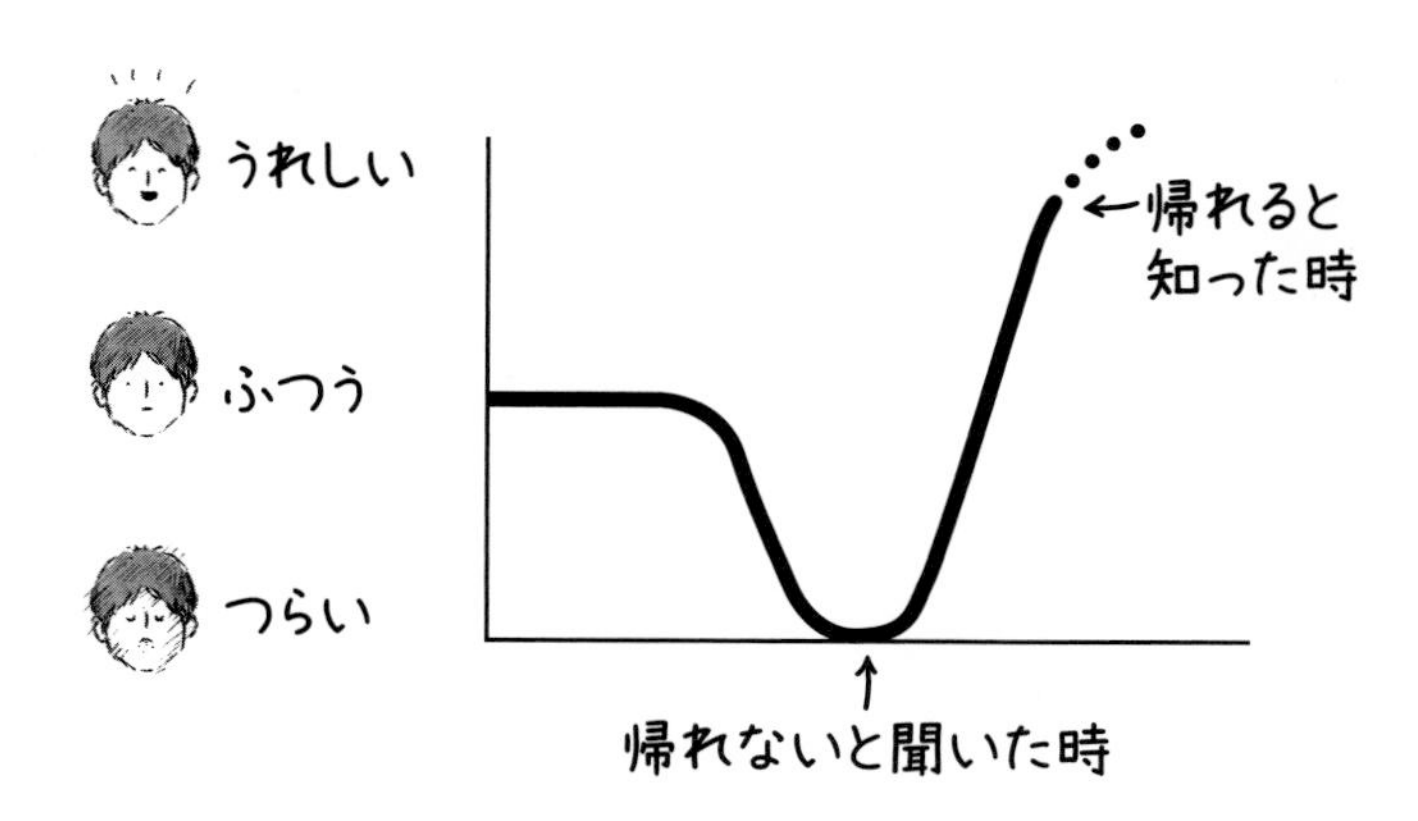

君の気持ちの揺れを表した図です。「帰れない」と聞いて地獄の底に落ちたあと、「やっぱり帰れる」と知って一気に昇天しています。これって、つらい気持ちになったからうれしい気持ちになれたってことですよね。もしぼくが、最初から「帰れる」と言っても、そんな大喜びしなかったでしょ？

まぁ……いやでも、できればもっと楽にうれしくなりたいんですけど。

あーいるいる、いますよねー、君みたいな……

「楽」と「楽しい」を混同しちゃう人。

楽だと……楽しいじゃないですか。

本当にそう思います？　楽をして得られるのは一瞬の「楽しい気分」だけですからね。で、すぐにその楽な時間に慣れて、ありがたみはなくなりますから。そのあと、だらけた自分にふと気づいて、自己嫌悪に襲われちゃったりしますから。

……。

別の例を挙げましょう。この前ぼく、仲間と砂漠でオニごっこしたんですけど、オニのあしがすごく速くて大変だったんですよ。でもなんとか逃げ切れて……あの時はうれしかったなぁ。

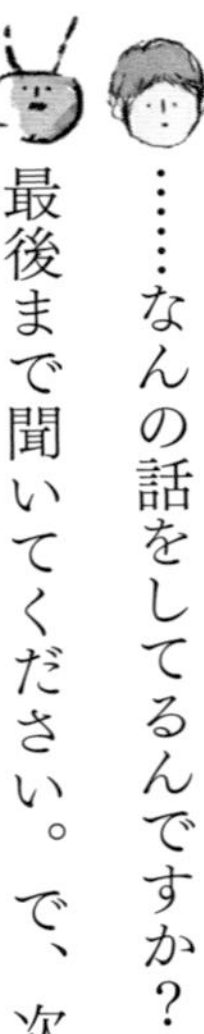

……なんの話をしてるんですか？

最後まで聞いてください。で、次にオニになったヤツが「のどが渇くから」とか言って、みんなを真面目に追わなかったんです。そうすると逃げるのは楽なんですが、楽しいと思いますか？

いや……そりゃつまらないですよ。

ほら、**「楽」と「楽しい」は別物でしょ。**

「つらい」「苦しい」「やばい」といった状況をくぐり抜けて、「うれしい」「楽しい」「やったー」という感情にたどり着く。それが生き物なんです。そうそう、ぼくの好きな名言にこんなのがあります。「絶え間ない闘争なしには、より良い状態を獲得することも、保持することもできない」。

それ、だれの名言？……「オレ様」とか、言わないですよね？

何か虫の知らせでもありましたか？※ この名言は……

※ 虫の知らせ：根拠はないが、悪いことが起きそうな予感がすること。

ファーブルさんです。※

えええええ！

ファーブルさんが作った科学の物語に出てくる言葉です。農業が盛んでない時代、人間は収穫不足という困難に苦しんだ。やがて農業が盛んになると、収穫は増えたが今度は害虫被害という困難に苦しむようになった……みたいな話が書かれているんです。これはまさに、「生きる」の本質を突いている。さすがファーブルさんだ。

※ アンリ・ファーブル（1823-1915）
フランスの生物学者。父親の事業が失敗し、14歳でホームレスに。学校の先生になったあとも、貧しさに悩まされ続ける。『昆虫記（ファーブル昆虫記）』の著者として有名。

それってつまり、つらい思いをしてうれしい気持ちにたどり着いても、また次の「つらい」がやってくるってことじゃ……。

その通り！　どんな生き物も結局、「つらい」と「うれしい」を繰り返していくしかないんです。それが「自然の鉄則」なんです。

なんか、むなしいなぁ。

じゃあ逆に聞くけど、このあとの人生、楽をして生きたいですか？

楽に生きたいと思うけど、「それが本当に楽しいのか」と言われると、確かに疑問です。

まぁ、悩む気持ちも分かります。楽はクセになるけど、ふと「何やってるんだろ」って虚無感に襲われたりしますからね。……あっ……もしかして……!?　あぁぁぁぁぁ!!

えっ!?　なっ、どうしたんですか!?

水滴だぁ！ かぁ〜！ この一滴があるから、逆立ちはやめらんないねぇ。

なんでちょっと酔ってるんですか……。

いや逆にこれほんとしみわたるたまらんからかわいたからだにろれつが回らないほど泥酔！

いっしょにのもう、きみとぼくとはこれでさ・か・だ・ち！

「友達」みたいに言わないでください！

サカダチゴミムシダマシの教え

「楽」と「楽しい」を混同しないように気をつけましょう。むしろ真逆のものだから。「楽」をしてる限り、本当の「楽しい」には絶対たどり着けませんから。おそらく「楽」の先にあるのは、強烈なむなしさだけですよ。

生きるのって、「つらい」があるから「楽しい」もあるんです。逆に言うと、「つらい」がないと、本当の「楽しい」「うれしい」もないんです。これを自覚してないと、「楽」がもたらす刹那的な快楽に溺れて、怠惰な暮らしから抜け出せなくなるのでご注意を！

やっと

あとは慎重に
口元に運ぶだけ…

また数時間
またなくては…

ムシできないコラム 4

じっと待つ昆虫

じっと逆立ちをして、水滴を口に流し込むサカダチゴミムシダマシ。他にも、じっと待つことで獲物をつかまえる昆虫がいます。

【アリジゴク】

アリジゴク（ウスバカゲロウの幼虫）は、成虫になるまでの2～3年を地面の中で過ごします。乾いた砂の下にすりばち状の巣を作り、アリが落ちてくるのをじっと待つのです。巣の上を通ろうとしたアリは、崩れる砂にあしをとられて、どんどん下に落ちることに。その間、アリジゴクはアリが落ちてきやすくなるよう、下で砂を弾き続けます。見事につかまえると、大きなアゴをアリの体に突き刺し、体液を吸い取るのです（外側は捨ててしまいます）。ただし、アリが落ちてくるのは月に数回程度だそうです。

アリを待つアリジゴク

【ハナカマキリ】

ハナカマキリの幼虫は、見た目がランの花の色にそっくり。植物の上でじっと待ち、花の蜜を吸いにきたハチやチョウなどを襲います。こ

獲物を待つハナカマキリ

の時、ただ待つだけではなく、昆虫が好むにおいを発しておびき寄せるため、中にはみずからハナカマキリに近づいてくる昆虫もいるそう。ただし成虫になると色が変わるため、獲物をつかまえにくくなるとも言われています。また、幼虫が花に似ているのは、獲物をつかまえるためだけではなく、鳥などに狙われないためとも考えられています。

【スタモファグマナミシャク】

シャクガ（ガ）の幼虫には、木の枝や芽に体を似せて、敵から身を守るものが多くいます。逆に、木の枝に体を似せて獲物をじっと待つのが、ハワイに生息するスタモファグマナミシャクの幼虫。獲物が飛んでくると、とがったかぎづめですばやく襲うのです。ちなみに、チョウやガの仲間（チョウ目）は、99％以上が草食。スタモファグマナミシャクの幼虫は、数少ない肉食のガです。

獲物を待つ
スタモファグマナミシャクの幼虫

「つらい」時、
「逆に」と
言える人は強いね。

サハラサバクアリ

ハチ目アリ科

分布 北アフリカ・サハラ砂漠（さばく）

体長 約8mm

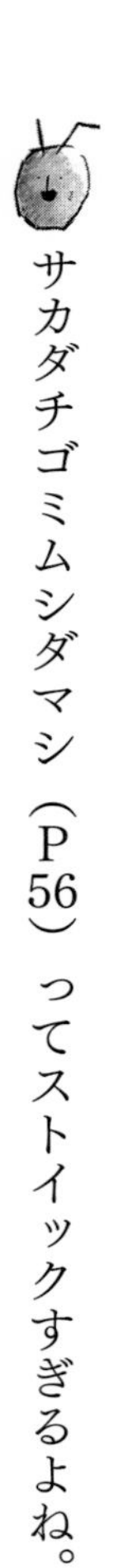

サカダチゴミムシダマシ（P56）ってストイックすぎるよね。

そうですね、数時間も逆立ちするなんて。……っていうかこの流れ、さっきもあった気が……。

ぼくは彼みたいな面倒くさいヤツは嫌い。できるだけ楽して得したいから。

あ、ぼくもそうしたいです。どうすればいいんですか？

ポイントはね、タイミングだよ。敵と戦うんじゃなくて敵がいない時を狙うんだ。

え、あ、なるほど。

ぼく、サハラ砂漠に住んでるんだけどさ、すっごい暑いの。砂の上が60℃近くになることもあるしさ。でね、たいていのヤツは「暑い！」「つらい！」「死ぬ！」とか言うんだけどぼくは……

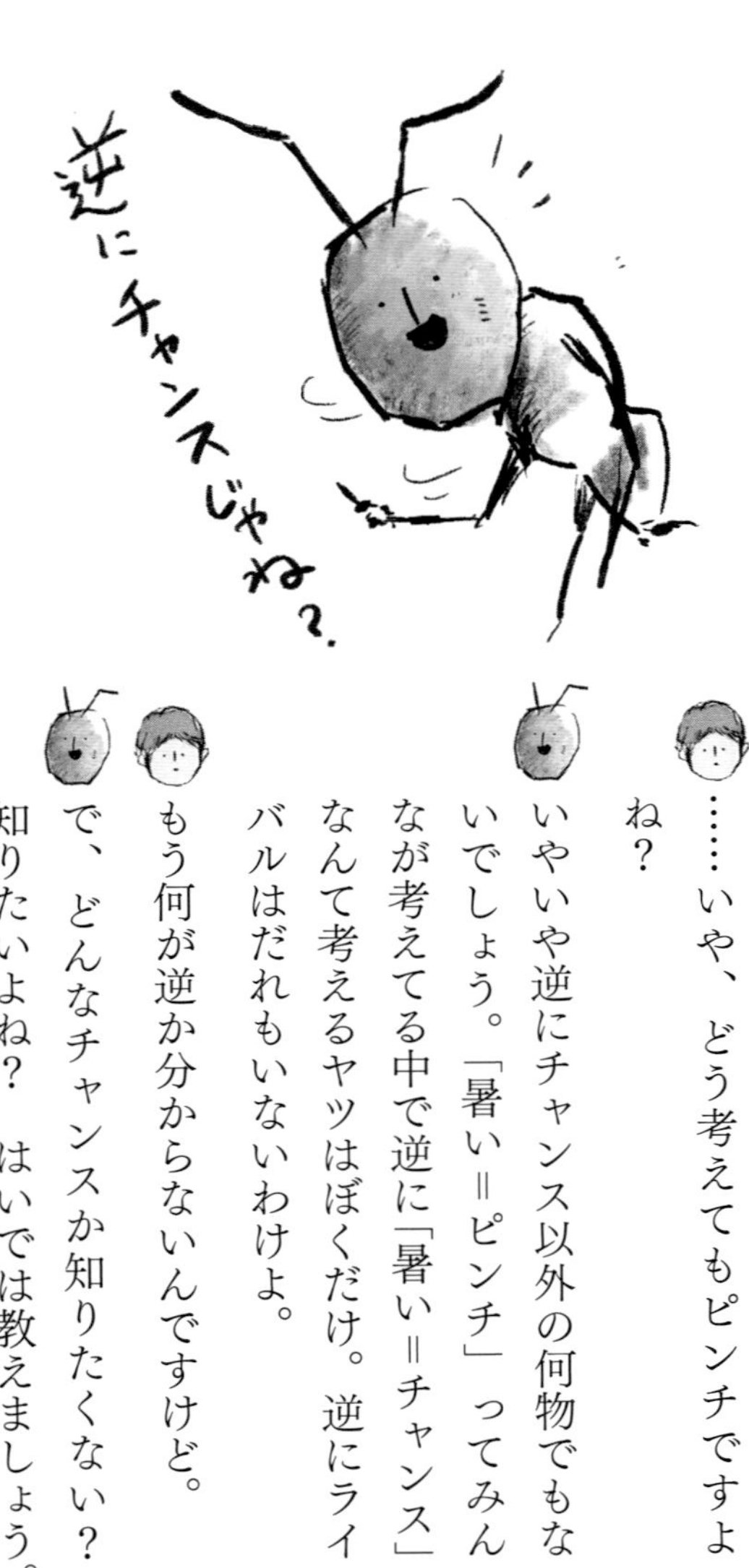

「逆にチャンスじゃね？」って考えるの。

……いや、どう考えてもピンチですよね？

いやいや逆にチャンス以外の何物でもないでしょう。「暑い＝ピンチ」ってみんなが考えてる中で逆に「暑い＝チャンス」なんて考えるヤツはぼくだけ。逆にライバルはだれもいないわけよ。

もう何が逆か分からないんですけど。

で、どんなチャンスか知りたくない？知りたいよね？　はいでは教えましょう。

（なんかこの虫、ペースが速い）

さっき言った通りサハラ砂漠はすごく暑いんだよね。暑さで死んじゃう虫もたくさんいるくらいだから。でね、ぼくは地表の温度が56℃を超えるくらいになると巣を出て外に行くんだ。

それって地獄に向かうようなもんじゃないですか？

そうそう普通の生き物はそう考えるよね。でも暑すぎて一番の天敵・トカゲもいないし他の虫もいないから地獄どころか逆に天国なんだ！

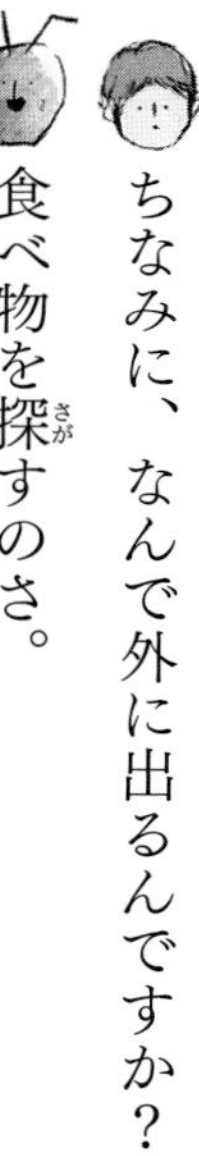

ちなみに、なんで外に出るんですか？

食べ物を探すのさ。

何を食べてるんですか？

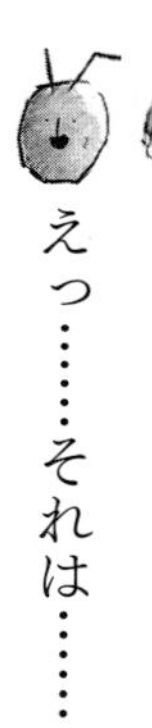

えっ……それは……

暑さで死んだ虫たち。

……。

灼熱（しゃくねつ）の砂漠（さばく）は暑さに耐（た）えきれずに死んだ虫の宝庫（ほうこ）なんだ！

でも、君だって暑さで死ぬ可能性が……。

ぼくはあしが長くて地面から４㎜も体を離（はな）して歩けるんだ。「４㎜だけかよ！」って思った？　思ったでしょ？　でもその４㎜の間を空気が通るから地表の温度より体温は５℃以上も下がるんだ。しかもぼくはすばしっこいから走る時の風で体温を下げることもできる。秒速はなんと１ｍ！「１ｍでいばるな！」って思ったよね？　思ったでしょ？　でも人間に例えたら秒速２１２ｍ（時速７５０㎞以上）ってことだからね。※

それはすごいけど……（一気にしゃべるのもすごい）。

※ サハラサバクアリが言いたいのは、「８mmのサハラサバクアリが秒速１mで走るのは、170cmの人間が秒速212.5mで走るのと同じだ」ということ。あくまで例え話。

もちろんリスクはあるよ。いくら体温を下げる努力をしたって限界はあるからね。でもリスクを負わずに何かを得られることなんて滅多にないでしょ。

なんか結局またストイックな香りが……。

あとさ、つらい状況で「つらい」って言うと周りも自分もテンション下がっちゃうのがイヤなんだよね。言葉に出すと余計に実感しちゃってさ。だからぼくはつらい時にあえて「逆に」って言葉を口にして自分を勇気づけてるんだ。ぼくだって本音を言えば灼熱の砂漠は怖いからね。下手したら死ぬこともあるし。

ちなみに、君はどれくらい暑さに耐えられるんですか？

まぁせいぜい5分くらいかなぁ。ほらことわざにもあるでしょ……

「一寸(いっすん)の虫にも五分の魂(たましい)」※1って。

いやそれ「ごふん」じゃなくて「ごぶ」ですからね……。

えっ!?

(この虫、せっかちで少しおっちょこちょいだな)

とにかく……暑い時に「暑くて無理」って思ってたらみんなと同じようにただ暑さに苦しむだけ。何も得られないよ。「逆に」って考えた者だけがだれも手に入れられないものをつかめるんだ。

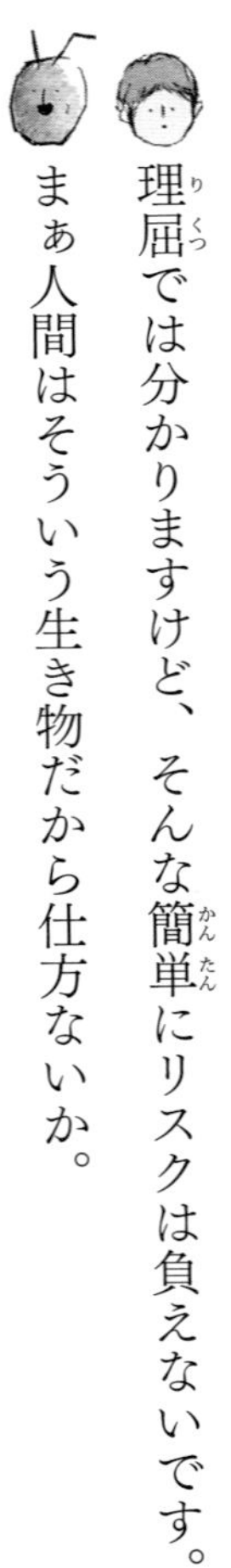

理屈(りくつ)では分かりますけど、そんな簡単(かんたん)にリスクは負えないです。

まぁ人間はそういう生き物だから仕方ないか。

どういうことですか?

昔の人間は動物や自然災害に襲(おそ)われるリスクが今より高かったで

※1　一寸の虫にも五分の魂：どんな小さい者や弱い者にも、それ相応の意地があるからあなどってはいけない、という意味。サハラサバクアリは完全に勘違いしている。ちなみに一寸は約3cm。五分は約1.5cm。

しょ。だから「うれしい」「ラッキー」みたいなポジティブな感情より「ヤバい」「不安」っていうネガティブな感情のほうが重要だったんだよ。危険を回避するためにね。その防衛本能がまだ残っちゃってるんじゃないかな。例えばネットでも「〜が〜を絶賛」って記事より「〜が〜を批判」って記事のほうが興味あるでしょ。人間が一番盛り上がる話題は「悪口」とも言われてるし。それも昔の本能が残ってて「悪い情報を共有しておこう」「知っておこう」としてるんじゃないかな。人間の歴史って**たった700万年**※2くらいでしょ。まだ進化の途中なのは仕方ないよ。

たった700万年って……。

まぁでも徐々に進化していくだろうけどね。ぼくみたいに「逆に」って考えてリスクをとる人間も増えてきてるし。……あっ！　狩りに出かけてたぼくの友達が戻ってきたよ。お〜い！　おかえり〜！

※2　2001年、アフリカ大陸のチャドで人類最古の頭骨が発見された。これが約700万年前のものと考えられている。

君の友達、リスクとりすぎて大失敗してるじゃないですか……。

あははは！　まさに虫の息だね！※

笑えませんから！

逆にヤバい時こそ笑っていこうよ、一郎。

ぼくの名前は「太郎」です！

サハラサバクアリの友達

※ 虫の息：今にも死にそうなこと。

サハラサバクアリの教え

つらい時につらい顔をすると自分も周りもテンション下がっちゃうでしょ？　そういう時こそ「逆にチャンスかも」って考えたほうが絶対楽しく暮らせるよ。そう考える人は少ないからライバルも少ないし。**「ピンチはチャンス」ってありきたりの言葉だけど生き物の真理をよく表してると思うな。**

そうそう、ぼくはサカダチゴミムシダマシ（P56）のストイックさは苦手だけど彼の口グセは好きだよ。彼も「逆に」を使うからね。

逆に

あー…今日は
ぜんぜん食べもの
みつからなかったや…
トホホ…
でもそれ
逆にいい経験になったんじゃ
たしかに…
逆にいい経験が…
そうそう
なんでも
逆に考えれば
あんがい
よかったりするよ!
じゃあ逆に
君が食べもの
さがしてきて
よろしく
なるほど
その逆は
なし。

いやいや
逆にどうぞどうぞ…
その逆に
どうぞどうぞ…

ムシできないコラム 5

働かない働きアリ1

『イソップ寓話』に出てくる「アリとキリギリス」では、真面目に働くアリと怠けるキリギリスの対比が描かれています。このように「アリ」と聞くと、いつもせかせかと働き回る姿が思い浮かぶかもしれません。しかし、実際には怠け者のアリもいます。

【2：8の法則】

アリは集団で生息する社会性昆虫。女王アリが卵を産み、働きアリはエサを見つけて運んだり、卵や幼虫の世話をしたり、巣を直したりしています。しかし、ある研究で、150匹の働きアリを1ヶ月観察すると、何もしない働きアリと、よく働く働きアリがいることが分かりました。働かないアリと働くアリのおおよその割合から、「2：8の法則」とも呼ばれます。

【「働かなきゃ」と思うタイミングの違い】

なぜそのような違いが生まれるのか。それは、分かりやすく言うと「働かなきゃ」と思うタイミングが、アリごとに違うから。小さな仕事に

気づいて常に働き続けるアリもいれば、仕事があふれかえるまで働かないアリもいるのです。この「働かなきゃ」と思う（反応する）最小の値を「閾値」と言います。閾値が低いアリは、小さなことにも反応して働き出します。閾値が低いアリだけで仕事が回らなくなると、閾値が高いアリも「ヤバい」と気づいて働き出すのです。しかし、中には一生働かないまま死んでしまうアリもいるのだとか。

これを人間に置きかえてみると、例えば1ヶ月後にプレゼンすることが決まった時、「あと1ヶ月しかない」と思って残業するAさんは「閾値が低いアリ」、「まだ1ヶ月もある」と思って先に帰ってしまうBさんはAさんより「閾値が高いアリ」……ということでしょうか。しかし、予定が変わり「明日プレゼンすることになった！」となれば、さすがのBさんも残業しようと考えます。アリも人も、「働かなきゃ」と思うタイミングは、人（アリ）それぞれですね。

主な参考文献：『働かないアリに意義がある！』（原作：長谷川英祐　漫画：いずもり・よう）

「頼りになる人」は、
あなたを
「無能にする人」
かもしれない。

ねぇ
そこのアナタ
手伝って！

カイコガ（幼虫）

チョウ目カイコガ科

分布 中国、日本などで飼育（野生にはいない）

体長 終齢幼虫※1は70～80mm
成虫は30～45mm（はねを広げた大きさ）

※1 終齢幼虫とは、さなぎになる前の幼虫。

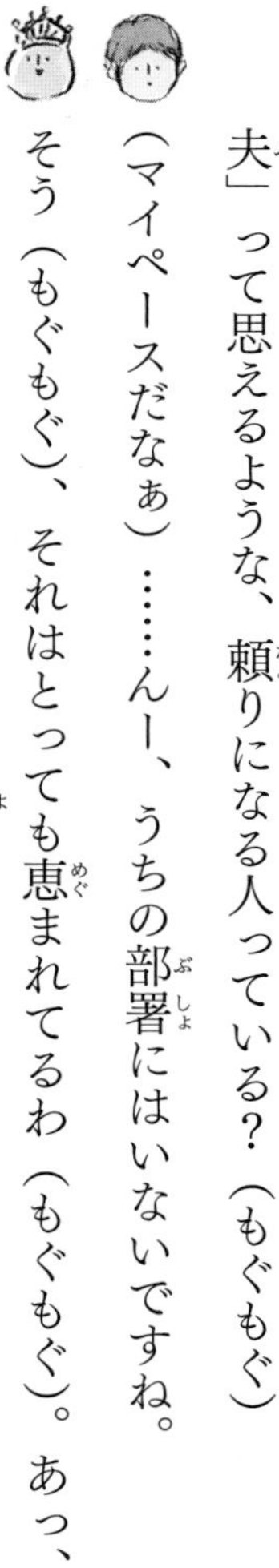
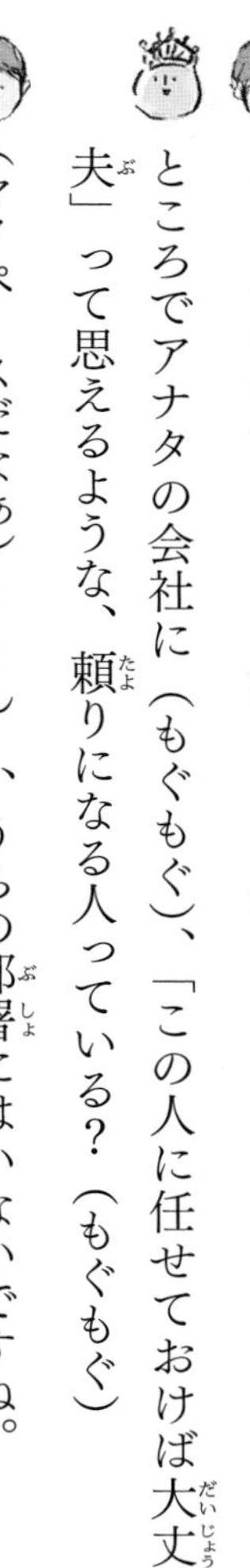
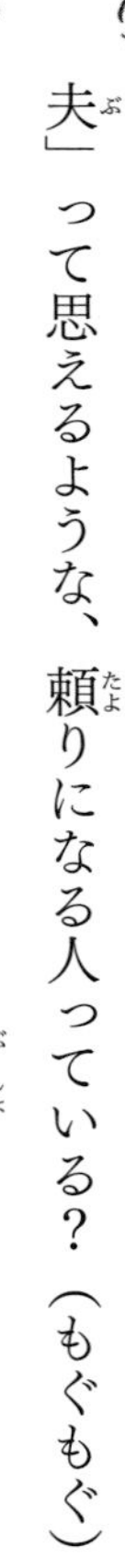

ねぇねぇそこのアナタ、すぐそこにあるクワの葉をちぎってこっちに持ってきてくれない？※2　アタシ、おなかが空いてるの。

えっ、いいですけど。自分でとりに行けばいいのに。はい、どうぞ。

ところでアナタの会社に（もぐもぐ）、「この人に任せておけば大丈夫」って思えるような、頼りになる人っている？（もぐもぐ）

（マイペースだなぁ）……んー、うちの部署にはいないですね。

そう（もぐもぐ）、それはとっても恵まれてるわ（もぐもぐ）。あっ、アタシのことはカ・イ・コって呼んでね（もぐもぐもぐ）。

（やっぱりマイペースな虫だ）……恵まれてますかね？

はぁおいしかった（ごくん）。頼りになる人がいるって、実はすごく危険なことよ。いつかアタシみたいになっちゃうから。

ど、どういうことですか？

※2　卵から生まれたばかりのカイコガの幼虫は約3mm。幼虫の間、ずっとクワの葉を食べ続け、終齢幼虫は80mm近くになる。

カイコ、自分だけじゃ何もできないの。そう、アタシはだれかの助けがないと食べ物すら手に入れられない、すごくかわいそうな虫（ぐすん）。

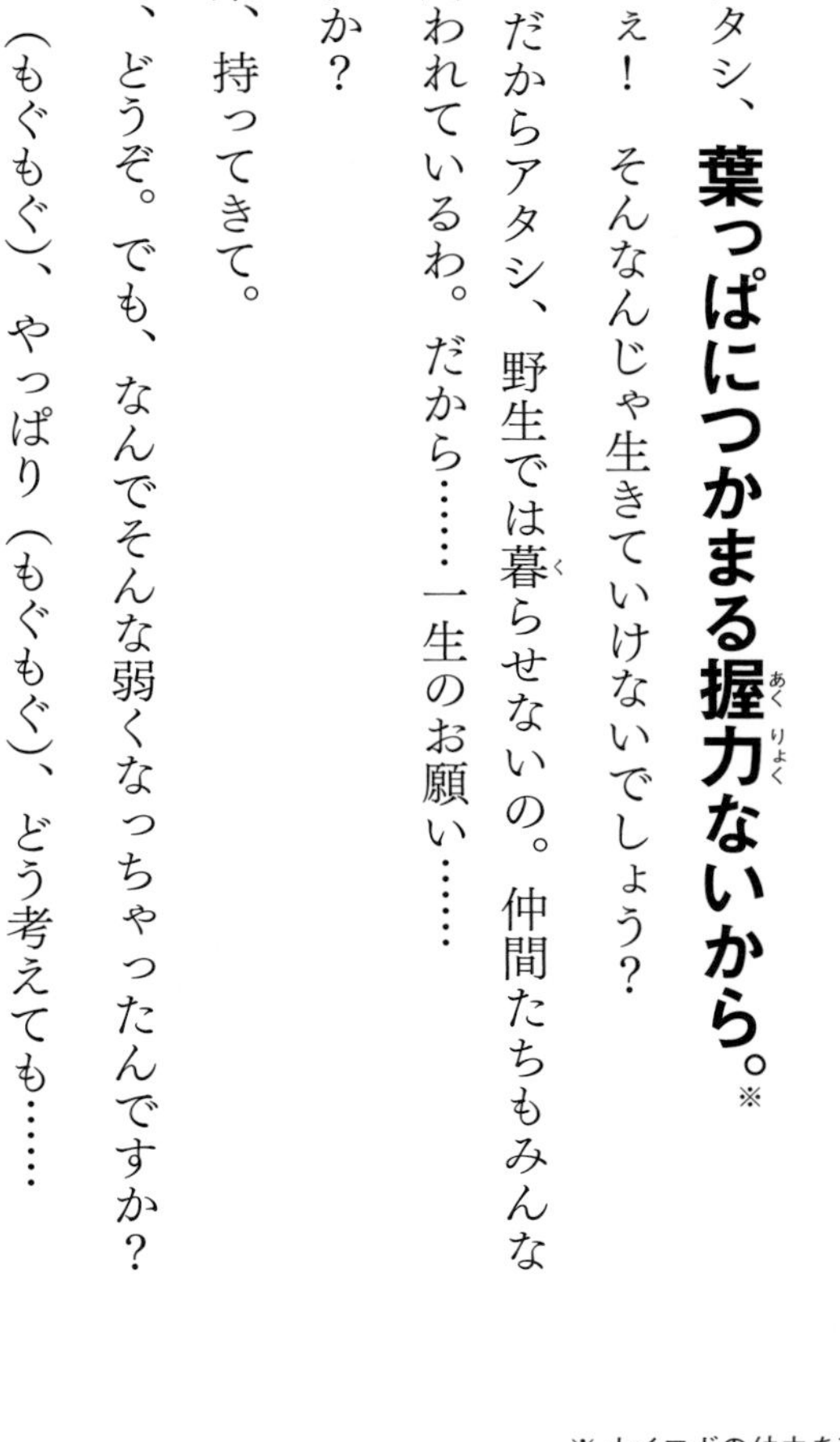

……じゃあ葉っぱの上にのっけるから、自分で食べてくださいよ。

あームリムリムリムリ。

なんで?

だってアタシ、**葉っぱにつかまる握力(あくりょく)ないから。**※

えええええ! そんなんじゃ生きていけないでしょう?

そうよ。だからアタシ、野生では暮(く)らせないの。仲間たちもみんな人間に飼われているわ。だから……一生のお願い……

なんですか?

クワの葉、持ってきて。

……はい、どうぞ。でも、なんでそんな弱くなっちゃったんですか?

それはね(もぐもぐ)、やっぱり(もぐもぐ)、どう考えても……

※ カイコガの幼虫を葉っぱにのせても落ちてしまう。あまりに非力。

全部、人間のせいだ。※1（もぐもぐ）

まさかの他人のせい!?

だって、人間がなんでも全部やってくれるんだもの（もぐもぐ）。クワの葉※2も、まゆを作る部屋も用意してもらえるし（もぐもぐもぐもぐ）。

そっか、君のまゆからは絹（シルク）がとれるんですよね。※3

（ごくん）はぁ、おいしかった。そうそう、人間はまゆをすごく重宝してるわ。

それにしても、葉っぱにつかまる握力がないとか弱すぎでしょう。

てへっ。

褒めてないです。

ちなみに自慢じゃないけど、アタシ、成虫になっても飛べないから。

ガなのに!? はねがないんですか？

※1 カイコガは、まゆから絹糸をとるために人間が品種改良したガ。長い間、人間に飼われ続けた結果、野生では生きていけない体になった。

※2 カイコガの幼虫はクワの葉を食べるが、最近は人工飼料もある。

はねはあるわ。でも、飛べないの。

それって、ポケットがあるのに道具を出さないドラ……

それ以上言わないで！　だって飛ぶ必要がないんだから仕方ないでしょ！　交尾（こうび）だって全部、人間が面倒（めんどう）を見てくれるんだから。※4

それはまた生々（なまなま）しい……。

つまりもう、人間の助けなしには生きていけないの。だからねぇ、お願い……クワの葉、持ってきて。

……はい、どうぞ。

こうやってアタシは人間に助けられることを……

ちょっと待ってください。君さぁ、さっきからぼくがクワの葉を持ってきても、全然「ありがとう」って言わないですよね。

あら、気を悪くしたならごめんなさい（もぐもぐ）。でもそれは……

※3　カイコガの幼虫は、２〜３日かけてまゆを作り、その中でさなぎとなる。１つのまゆは約1500mの絹糸でできている。

※4　カイコガは自分たちで交尾を始めるが、最後は人間が引き離してあげないといけない。この作業を「割愛（かつあい）」と呼ぶ。メスは500ほどの卵を産む。

全部、人間のせいだ。

また!?

人間が「おカイコ様」っておだてるから、[※1]アタシたちは調子に乗り始めちゃったのよ（もぐもぐ）。あ、ずっと昔のカイコは人間たちに「いろいろお世話してくれてありがとう」って思ってたらしいわ（もぐもぐ）。でも、何千年も人間に飼われ続けられたら、[※2]アタシたちもお世話してもらえることに慣れちゃってさ（もぐもぐ）。

そんなに昔から飼われてるんですか！

おカイコ様のご先祖様は「クワコ」[※3]って言うんだけれど……

自分で「おカイコ様」って……。

あっ、ク・ワ・コって呼んであげてね（もぐもぐ）。

まんまじゃないですか……（マイペースすぎる）。

※1　日本では絹を作ってくれるカイコガを「お蚕（かいこ）様」などと呼んでいた。

※2　カイコガを飼っていたという最古の記録は、紀元前2600年頃。中国の伝説として残っている。中国では約2500年間、カイコガの存在を秘密にして、絹を独占し続けた。とはいえ、いつから人間が飼い始めたのかは不明。

クワコの頃は、野生で暮らしてたし、もちろん成虫になれば飛んでいたわ（もぐもぐ）。でも、カイコとして人間に飼われ始めると、全部やってもらえるから動くのが面倒くさくなっちゃって（もぐもぐ）。

今じゃ動かすのは口だけよ（もぐもぐ）。

ホント、よく食べますよね。

うん。だってアタシ、幼虫の時しか食べられないから（もぐもぐ）。

えっ？

成虫になると、口がなくなっちゃうの。※4

……なんかいろいろすごいなぁ。

（ごくん）はぁ、おいしかった。まぁそれはいいとして、人間がなんでもやってくれるから、アタシはこうなっちゃったの。ここまで長くおしゃべりしてきたけど、アタシが一番言いたいのはね……

※3　クワコを品種改良したのがカイコガ。クワコは今も野生で生きている。

※4　カイコガの幼虫は成長するために食べ続け、口のない成虫は交尾をして10日ほどで死ぬ。幼虫は「成長」、成虫は「交尾」と役割を明確に分けている昆虫は多い。

生き物はね、慣れちゃうの。一度その環境に適応しちゃうと、なかなか変化は難しいわ。だって、変わる必要がないんだもの。さっきアナタに「頼りになる人がいるか？」って聞いたのは、「そういう人に頼ってばかりいると、自分の能力が落ちるから気をつけて」ってことを言いたかったの。

君を見てると、ものすごく納得です。

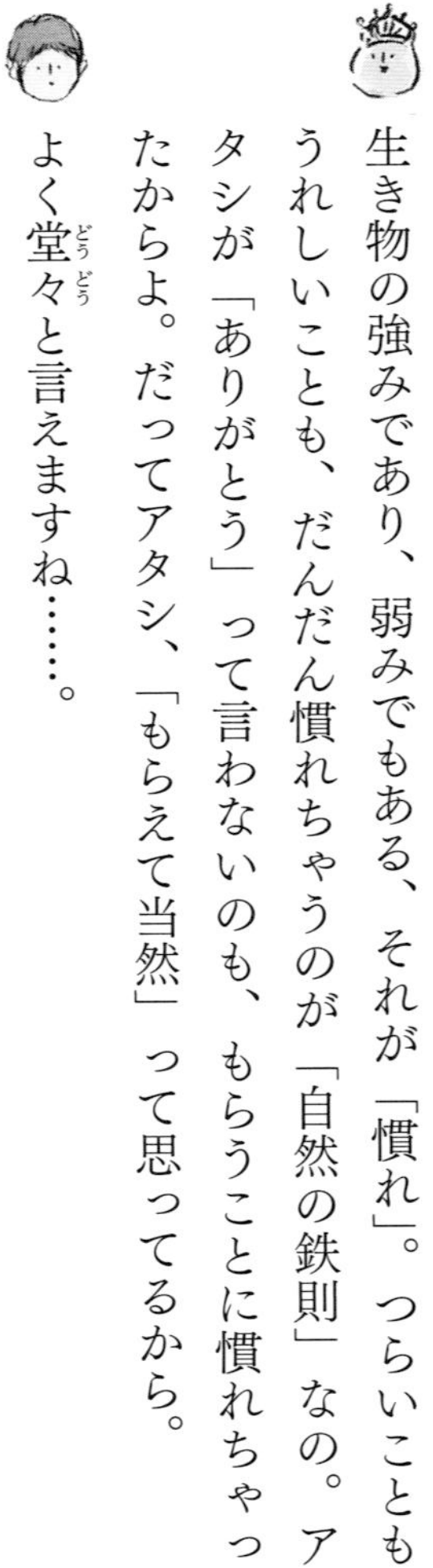

生き物の強みであり、弱みでもある、それが「慣れ」。つらいこともうれしいことも、だんだん慣れちゃうのが「自然の鉄則」なの。アタシが「ありがとう」って言わないのも、もらうことに慣れちゃったからよ。だってアタシ、「もらえて当然」って思ってるから。

よく堂々と言えますね……。

むしろクワの葉が用意されてないと、「なんで用意してないの？」ってちょっとムカっとしたりするから。でもね、人間でもそういう時あるでしょ？　いつも頼ってた人に断られたりすると、「え？　やってくれないの？　なんで？」って思ったり。

まぁ……ありますね。

それって結局、「あの人がいれば安心」って考えて、自分で何もしない生活に慣れちゃってるのよ、アタシみたいに。でも、**「あの人がいれば安心」って、「あの人がいないと危険」ってこと**だから。筋肉だって使わないと落ちていくし、頭だって使わないと悪くなるでしょ。それと一緒。あぁ、そうそう、アタシ、食べること以外にやることないからファーブルさんの本を読んでるんだけど、そこにこんな言葉があったわ……

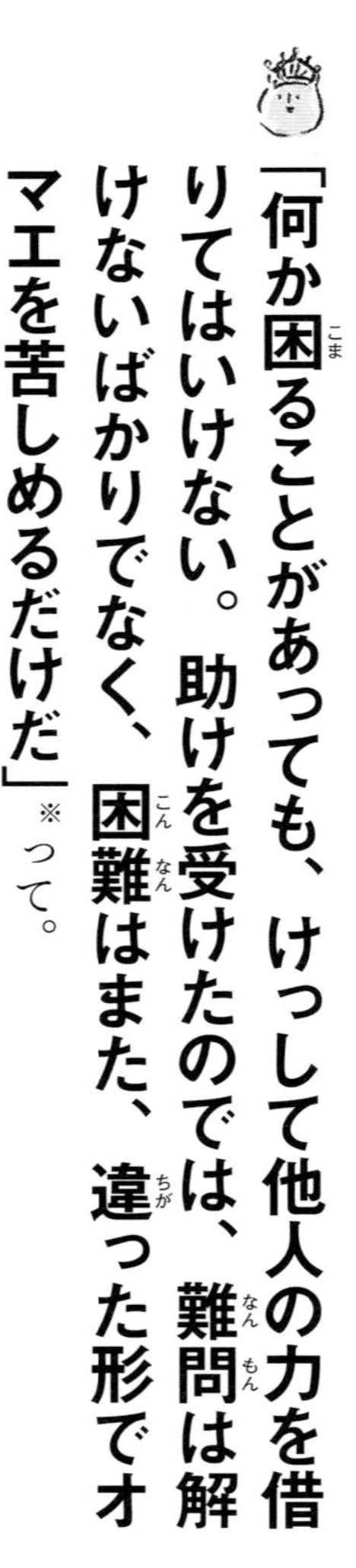

「何か困ることがあっても、けっして他人の力を借りてはいけない。助けを受けたのでは、難問は解けないばかりでなく、困難はまた、違った形でオマエを苦しめるだけだ」※って。

えーっと……君は耳が痛くならないんですか？

まだ続きがあるわ。**「大切なのはじっと耐え忍ぶこと。そして、自分で考えること。さらに、みずからすすんで学び取ろうとすること」**だって。やっぱり自分で考えて動かないと、ダメってことよね。

君と真逆では……。

失礼ね、アタシだっていろいろ考えてるわよ。

例えば？

※ファーブルが弟に送った教えの抜粋。

「早くクワの葉もらいたいなぁ」とか「クワの葉おいしいなぁ」とか「一生幼虫でいたいなぁ」とか。

清々しいほど何も考えてないってことですね。

だって、仕方ないでしょ。私は人間に頼る生き方に慣れ切ってしまってるんだから。それに……アタシは未来なんて考える必要ないんだし。

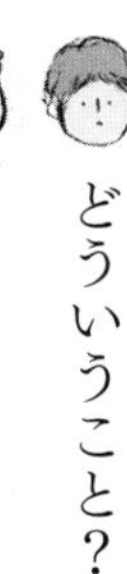
どういうこと？

アタシに未来はないの。

えっ……？

アタシはね、まゆを作ってさなぎになると……

生きたままの状態でゆでられちゃうの。※

すごい悲しい……。

でも、どうしようもないわ。これが他者に頼りすぎた生き物のさだめよ。あっ、最後にもう1つ、大切なことを言わせて。

なんですか？

クワの葉、おかわり。

……はい。

※ カイコガのほとんどは、まゆを作った際にゆでられる。次の世代を残すために成虫になれるのは一部のみ。

カイコガの教え

頼りになる人がそばにいるのって、リスクでもあると覚えておいてね。その人に頼る生活に慣れて、いつの間にか一人では何もできなくなっちゃうから。だれかに頼ってると、気づかないうちに少しずつ自分の能力は退化していくもの。**「ゆるやかな退化」が、この世で一番怖いわよ……。**

あっ、そうそう、アタシみたいに「だって」が口グセの人は、カイコ予備軍かもしれないから気をつけてね。

マイペース

はーい
ごはんだよ〜
わーい!!
うまうま!!
みんな大変!!
カマキリだぁぁぁ!!
わぁぁぁ〜
ちょっとまって
アタシは
どうすんのさ!!
ギロッ
あ…
…
ごはん
食べさせて
もらえます?
ハート強っ!!

うまうま
…

ムシできないコラム 6

働かない働きアリ2

【働き者が怠け者になる】

前回のコラム（P86）で、「働かない働きアリと、よく働く働きアリがいる」という話を紹介しました。では、よく働くアリだけを30匹集めて飼育すれば、みんな働き続けるのでしょうか。驚くことに、その中でも1ヶ月後には怠け者のアリとよく働くアリに分かれてしまったのです。逆に働かないアリだけを30匹集めて飼育しても、1ヶ月後には怠け者と働き者に分かれたそう。つまり、アリの巣には常に怠け者と働き者がいるのです。

【働かないそのワケは？】

ではなぜ、怠け者がいるのでしょう。どうやら怠け者の働きアリは、「緊急事態の備え」になっているようです。もし、全てのアリが常に一生懸命働いていたら、だれかが疲れて動けなくなると、その仕事を行うアリがいなくなってしまいます。そういった不測の事態に備えて、怠け者のアリがいるのです。

【年をとると危険な仕事に】

ちなみに、働きアリの仕事は若者とお年寄りで内容が変わります。若い頃の仕事場は、主に巣の中。卵や幼虫の面倒を見るなど、身の危険が少ない仕事をします。やがて年をとると、仕

事場は巣の外へ。エサをとってくるなど、危険の多い仕事につくのです。これは巣を維持させるために重要なことで、働ける期間の長い若者を危険にさらさず、働ける期間の短いお年寄りに危険な仕事を任せているのです。

実はミツバチの生き方もアリによく似ています。若い頃は巣のそうじをしたり、はねで巣の中の温度調節をしたり……担当するのは巣の周りで行う比較的安全な仕事。やがてお年寄りになると、危険の多い巣の外に出て、花の蜜を集める仕事につくのです。

……ということは、私たちが普段、外で見つける働きアリや働きバチは、みんなお年寄りなのかもしれません。

主な参考文献：『働かないアリに意義がある！』（原作：長谷川英祐　漫画：いずもり・よう）

立場が変われば、
「好き嫌い」も
真逆になるわ。

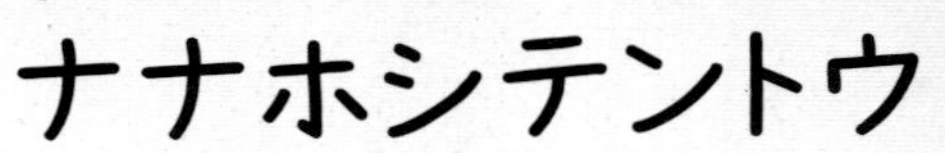

ナナホシテントウ

コウチュウ目テントウムシ科

分布 日本（北海道〜南西諸島）、東アジア

体長 5〜9mm

あなた、この雑木林に来てすぐ、アリに向かって「会社の仲間がだれも助けてくれない」って嘆いてたわよね？

えっ、あっ、はい、それが何か？

「周りの人が悪い」って決めつけてるみたいだけど、周りの人があなたをどう思ってるか考えたことある？

……（なんか感じ悪いなぁ）。

あら、そんな**「虫が好かん」**※1みたいな顔しないでよ。

……（落ち着け落ち着け）。

腹の虫が治まらないかしら。※2

あの、怒らせたいだけなら帰ってほしいんですけど。

あら、ごめんなさいね。でも怒らせたいわけじゃないのよ。私が言いたいのはね……

※1　虫が好かない：なんとなく好感が持てず、嫌な感じを抱くこと。

※2　腹の虫が治まらない：腹が立ってがまんできないこと。

「立場が違えば意見も違う」ってこと。例えばあなたさっき、「アリとアブラムシが協力してる」って話（P16）、聞いたでしょ？
どうだった？

どうだったって……いい話でしたよ。「ほしいなら、まず、あげよう」って言葉（P12）、なるほどって思ったし。

でもね、テントウムシの私からすれば、とても困った話なの。だって、私はアブラムシを食べたいのに、アリがそれを邪魔するから。ホント、アリたちの顔を思い出すだけで**虫唾が走るわ。**※

そこまで言わなくても……。

口が悪くてごめんなさいね。でも、それくらい私にとってアリは憎い敵なの。逆にアブラムシにとってアリは心強い味方でしょうね。ほら、立場が違えば意見も違うでしょ。人間も含めた話をすると、農家の人は作物を食べるアブラムシを「害虫」って呼んで嫌うけど、

※ 虫唾が走る：吐き気がするほど不快な気分になること。

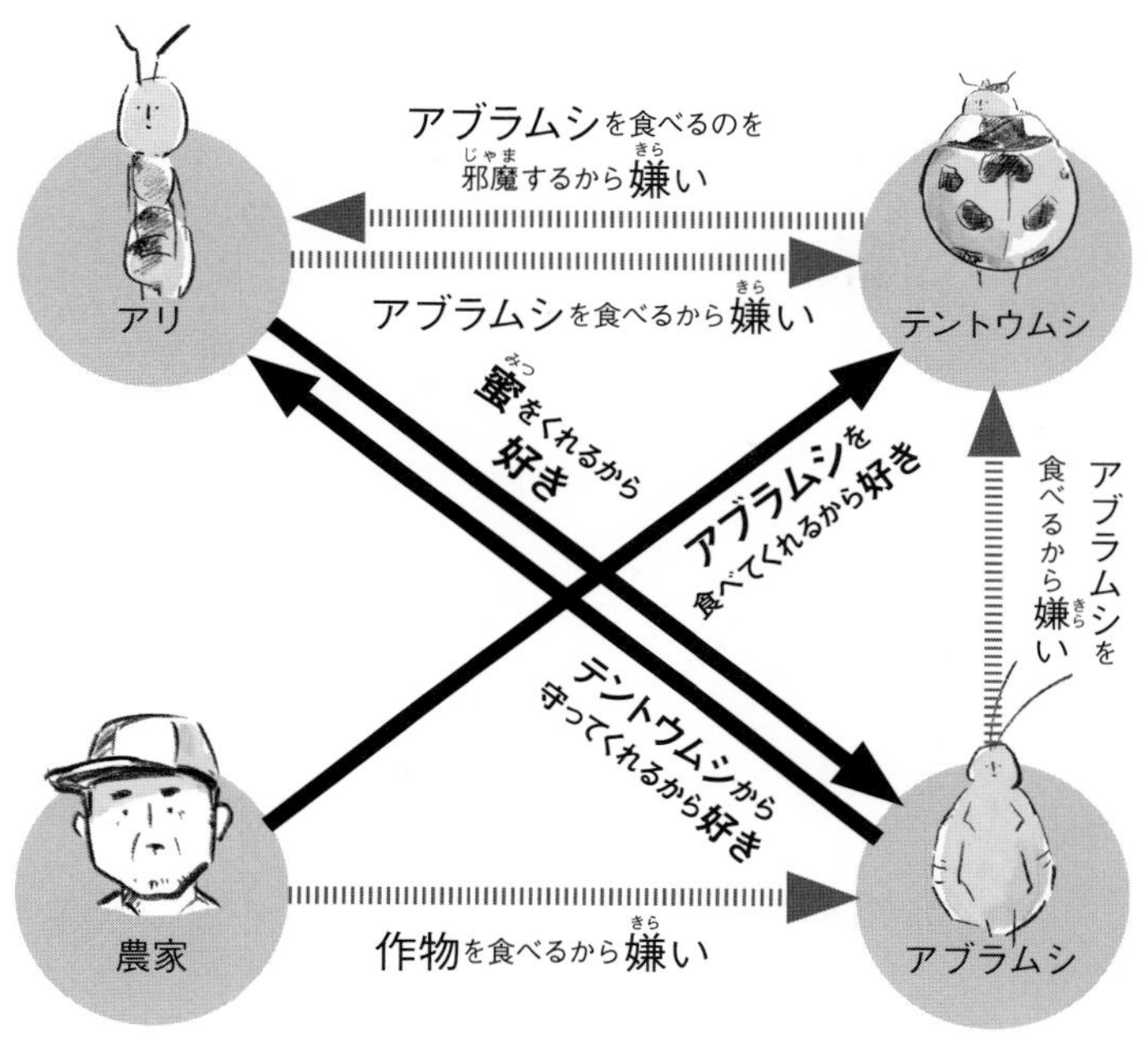

アブラムシを食べる私（テントウムシ）のことは「益虫」って呼んで好意的なの。それを簡単に表したのが上の図よ。

なるほど……確かに立場によって意見が真逆だったりしますね。

でしょ。意見なんて、立場が変わればすぐ変わるものよ。なのに一方的に「私は正しい」「周りが間違ってる」って責めるなんて……

虫がいい話だと思わない？※1 私はアリのことが「嫌い」だけど、アリを「間違ってる」と責めることはしないわ。だって、もし私がアリだったら、私だってテントウムシの邪魔をするもの。

……。

どの立場にいるかで、「好き嫌い」や「良い悪い」ってホント簡単に逆転してしまうのよね。農家の人にとってアブラムシは害虫、テントウムシは益虫。※2 でもアリにとってはアブラムシが益虫で、テントウムシが害虫。こうやって、他者の立場からの視点で想像できるかどうかって、結構重要よ。

そ、それとぼくの話と、何が関係あるんですか？

もう1つ例え話をするわね。この前、私が雑木林の中を飛んでいたら、草の陰から急にバッタが飛び出てきてぶつかってしまったの。私は「急に飛び出さないでよ！」って怒ったんだけど、バッタも「そっち

※1　虫がいい：自分の都合だけを考えて、身勝手なこと。ずうずうしいこと。サバクトビバッタもこのことわざを使用（P45）。

※2　はねに樹脂をつけ、一時的に飛べなくしたテントウムシを農作物に放して、アブラムシの駆除に役立てる研究も行われている。

が急に飛んできたんだろ！」って大げんか。

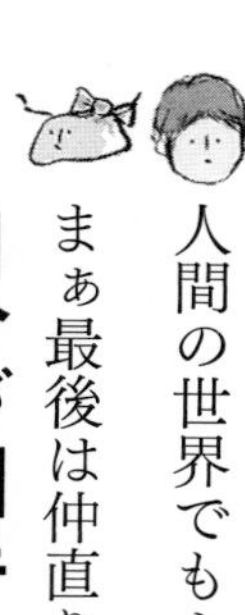

人間の世界でもよくありそうなできごとですね。

まぁ最後は仲直りしたんだけど、その時に気づいたの。

自分が相手を責めたくなった時は、たいてい相手も自分を責めたい時だって。

確かに、人から責められる時って、こっちにも不満がたまってたりします。

あら、**虫も殺さぬ顔**※3して結構言うわね。そうそう、片方(かたほう)だけが全部悪いってことは、なかなかないわ。だって、たいていの争いごとって「正義」と「悪」がぶつかってるんじゃないんだから。実際はね……

※3　虫も殺さない：穏やかでおとなしそうなこと。

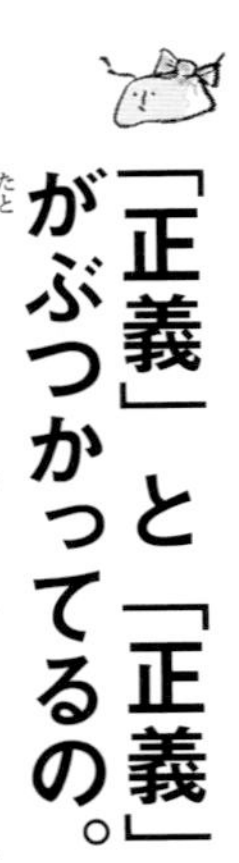

「正義」と「正義」がぶつかってるの。

例えるなら、テントウムシとアリが、アブラムシを巡って「オマエが悪い！」ってケンカしてるようなもの。「自分は正義で相手は悪」と思ってる二人が、自分の立場だけを考えてぶつかる……カッコ悪いわね。

……。

で、本題に戻るけど、もしあなたが上司だったら、どんな部下を助けたい？

えっ？　……自分になつく部下とか、一生懸命がんばる部下とか？

そうそう、まずはそうやって、自分の立場だけじゃなく、相手の立場も想像することが大切なの。あなたは上司を「助けてくれないダメな上司」と思ってるかもしれないけど、上司はあなたを「かわいげのないダメな部下」と思ってるから助けてくれないのかもしれない。そこを想像して、自分を変えられるかどうかがすごく重要よ。

でも、部下を助けないのは、上司として失格じゃないですか？

そうね、確かに上司にも落ち度はあるかもしれないわ。

じゃあ、先に変わる必要があるのは、ぼくより上司じゃないですか？

まぁ、そうかもしれないけど……

めんどくさい男ね。

そんな**苦虫を噛み潰したような顔**※しなくても……。

私が上司なら、あなたみたいな部下は助けたくないかも。

意地悪なこと言わないでくださいよ……君も人が悪いなぁ。

まぁ、テントウムシだからね。

※ 苦虫を噛み潰したよう：苦々しく不機嫌な表情のこと。

ナナホシテントウの教え

相手にイラっとした時、「自分が100％正しい」と思い込んでないかしら？　そんな時は、5秒でいいから相手の立場を想像してみてご覧なさい。**世の中にある争いのほとんどは、「正義」と「正義」がぶつかってるんだから、相手だけが悪いとは言えないはずよ。**え？　相手の立場を想像しても、やっぱり自分が100％正しいって？

……それはたぶん……あなたの想像力に問題があるんじゃないの？

好かれたり嫌われたり

どきなさいよ アリ
それは できない!! アブラムシくんは ボクがまもる!
たすかった〜
ほんと アリくんがいて よかった!
ほんと
アリが じゃま。
・・・
複雑な心境…

だれからも
好かれるって…
むずかしいよなー…

ムシできないコラム 7

昆虫の名前の由来

【テントウムシ（天道虫）】

「テントウ」とは「お天道様（太陽）」のこと。「太陽に向かう虫」が由来と言われています。ナミテントウやナナホシテントウ（P106）などが、テントウムシ科です。

【モンシロチョウ（紋白蝶）】

はねに「紋（黒い模様）」のある「白い蝶」を意味します。ちなみに、昔は「モンクロシロチョウ」と呼ばれていたそうです。

【アメンボ（飴坊）】

アメンボはカメムシの仲間（カメムシ目）。体からにおいを発し、そのにおいが飴に似ているため、アメンボと名づけられました。

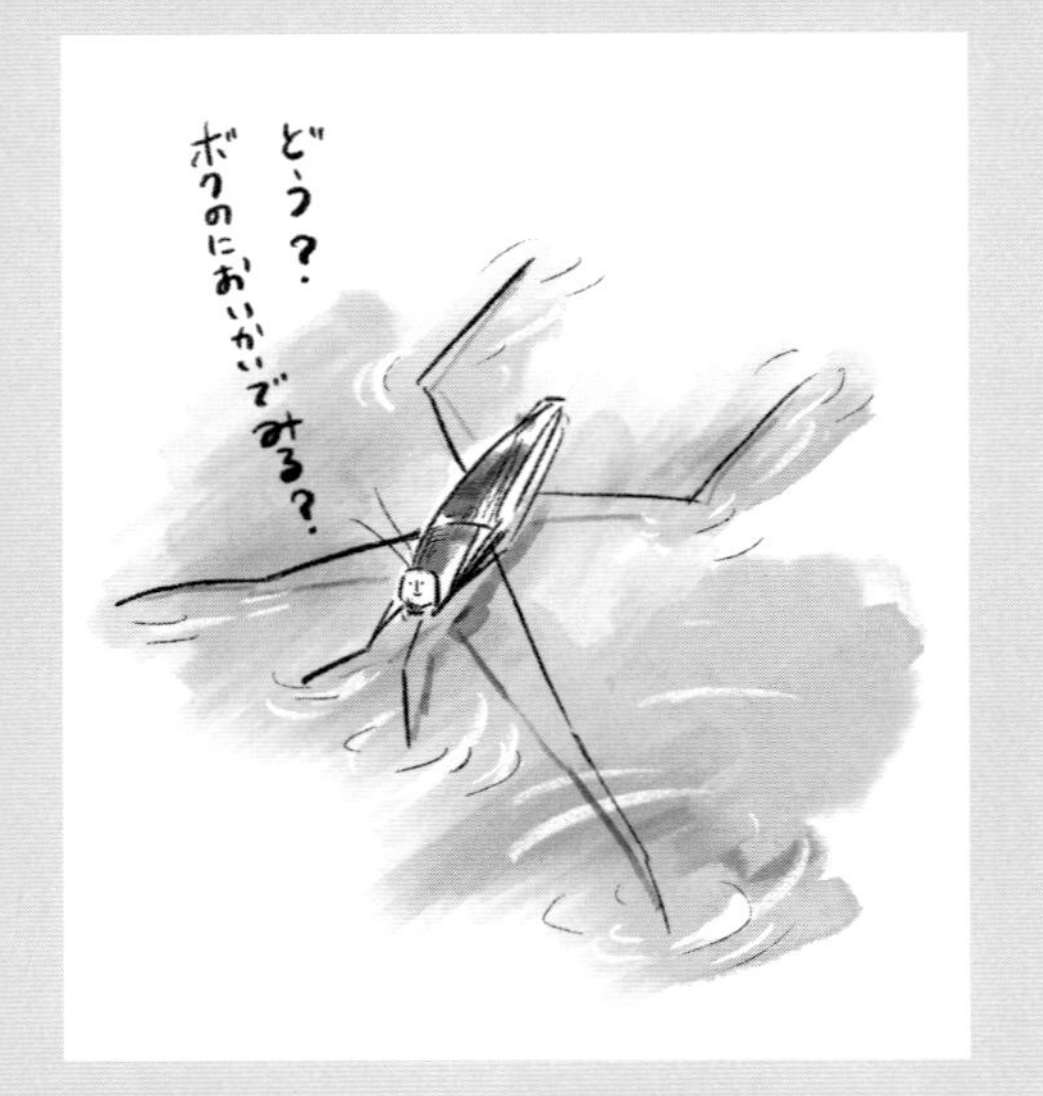

【アゲハチョウ（揚羽蝶）】

花にとまり、常に前ばねをあげて動かしていることが由来と考えられています。


【カマキリ（蟷螂）】

「前あしが鎌のようなキリギリス」を略したと考えられています。


【コオロギ（蟋蟀）】

体の色が黒いものが多く、「黒い木のような虫」の「黒い木」が変化して、コオロギになったと考えられています。


【カナブン（金蚉）】

金属のような質感で、ブンブンと飛ぶことが由来です。


【アブラゼミ（油蝉）】

「『ジリジリジリ』という鳴き声が、揚げものや炒めものをする音に似ている」という説や、「茶褐色のはねが油紙に似ている」という説などがあります。

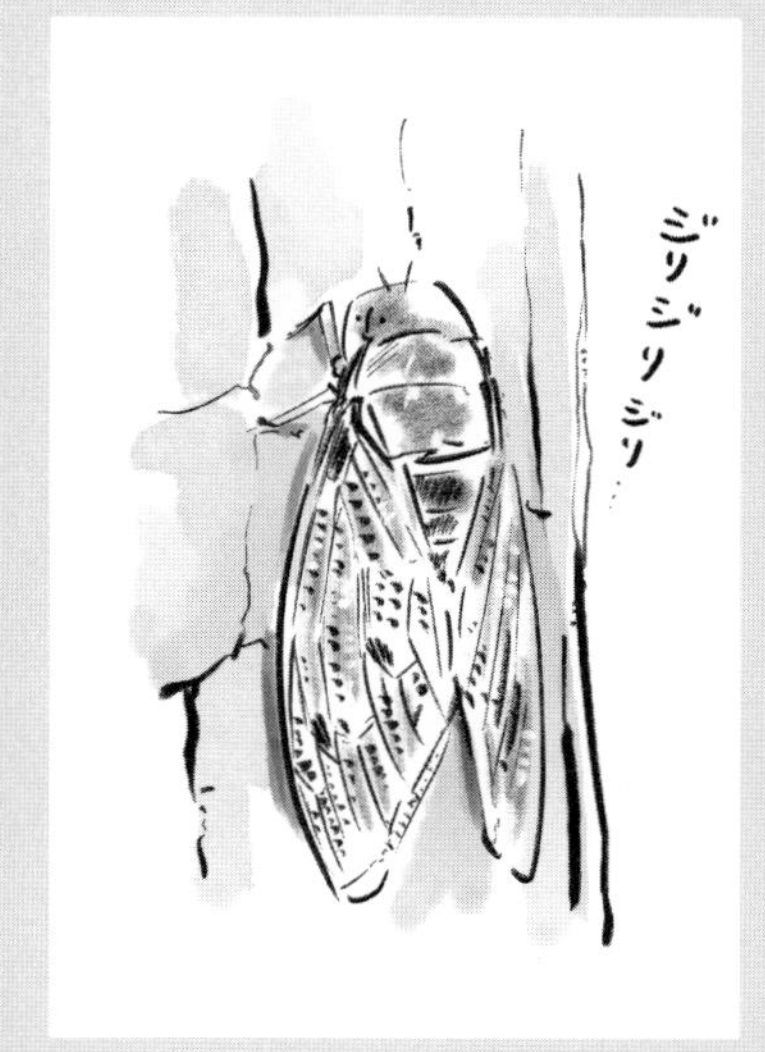

※名前の由来が諸説ある虫も多くいます。

長所と短所は、表裏一体なのよ。

オオコノハムシ

ナナフシ目コノハムシ科

分布 マレーシア
体長 約110mm（メス）

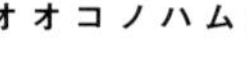

ちょっと?

ん?　……あれ?　だれもいないや、気のせいか。

ちょっとちょっと、無視しないで!

うわぁ、葉っぱがしゃべった!

私は虫よ、オオコノハムシって言うの。よろしくね。

えっ……ホントだ、虫だ。

私はね、色はもちろん、はねの形まで葉っぱにそっくりなの。

いや、ホントにすごい、これなら絶対だれにも見つからないですね。

褒めてくれてありがとう。ほら見てここ、葉脈に見えるでしょ?※

わっ!　これはもう、真似のレベルを超えてますよ。

やるなら徹底的にやらないと。でもね、葉っぱに似すぎて……

※オオコノハムシのメスは、葉脈のような筋や、枯れているような色合いなど、体を葉っぱに似せている。また、1匹ずつその色や形が異なる。

本物の葉っぱだと思われて、
仲間にかじられることもあるの。※

※ オオコノハムシは草食。主にクラというマメ科の植物を食べる。

あらら……あまりに似てると、また別の問題が出てくるんですね。でも逆に、それくらい似せることに成功してるってことでしょう？

そうね、前向きにとらえてくれてありがとう。でも、実はそれよりもっと大きな問題があるの。

えっ？

私は「葉っぱにそっくりの体」という長所を持ったわ。でもね、**長所ができるってことは、短所ができるってことなの。**これはまぁ、「自然の鉄則」だから仕方ないことなんだけどね……。「葉っぱにそっくりの体」を得た代償として生まれた短所なんだから。

ど、どういうことですか？

私はね、「葉っぱにそっくりの体」を手に入れたけど……

飛べなくなったの。※

えええええ！

だって仕方ないじゃない。私は「葉っぱにそっくりの体」という長所を手に入れたわけだから。はねの使い道を、「飛ぶ」ではなく「葉っぱに似せる」という選択をした結果なんだから。

でも、飛べない虫って……。

べ、別に全然気にしてないわ。敵に見つからなければ、飛ぶ必要もないわけだし。ここで私があなたに覚えておいてほしいポイントは3つ。1つ目は、**長所の裏には必ず短所がある**ということ。私が「葉っぱにそっくりな体」を手に入れたことで飛べなくなったように、**長所と短所は表裏一体**なの。長所があるからって有頂天になっちゃダメ。その裏にある短所を自覚しておくことが大切よ。

※ オオコノハムシのメスは、飛べない。オスは飛べるが、メスほど葉っぱに似ていない。

私だって、まさか飛べなくなるとは思ってなかったから。

（やっぱり気にしてる……）

2つ目は、今言ったことと矛盾してるように聞こえるかもしれないけど、**自分の短所を気にしすぎない**こと。例えば「飽きやすい」という短所は「フットワークが軽い」という長所になるかもしれない。もしくは「主張ができない」という短所は、「協調性がある」という長所になるかもしれない。長所と短所は常に表裏一体なんだから、自分の短所に悩んだ時は、その裏側を見つめてみるといいわ。私だって「飛べないはね」という短所は、「敵に見つかりにくいはね」という長所なんだから、飛べないことは別に気にしてないのよ……

全然気にしてないんだから。

……うん……気にすることないと思いますよ（めっちゃ気にしてる）。

ありがとう。じゃあ、この先も気をつけて行っててらっしゃい。

あれ？　覚えておくべきポイントは3つじゃないんですか？

あぁ、3つ目のポイントはね……私は飛べないのを気にしてないいってこと！

いや気にしすぎ！

オオコノハムシの教え

長所と短所は表裏一体（ひょうりいったい）よ。だから人に誇（ほこ）れる長所があっても、その裏（うら）には必ず短所があると自覚しておくこと。過信しそうな時に思い出すといいわ。

逆に、短所も裏返（うらがえ）せば長所の種よ。これは自信を失いそうな時に思い出しなさい。それに、短所があるからこそ見えてくる世界もあるんだから、過度に気にすることはないわよ。気にすることなんて……ないんだから！

かくれんぼが得意
ねぇねぇ かくれんぼしましょ
え〜〜やだ〜 だってコノハムシさん つよいじゃーん
そーだよー
はっぱにしか みえないし
オホホホホ
まぁあね!
かくれんぼ じゃなくて オニゴッコ ならいいよ.
あ! いいね!
ムリ

オニゴッコでもいいけど
飛んだら反則ね。

えーー
なんで？

やだ〜〜

ムシできないコラム 8

昆虫の擬態

周りの植物や昆虫などに体を似せることを、「擬態」と言います。

【風景に似せる（隠蔽擬態）】

コノハチョウやカレハバッタは、落ち葉にそっくりの色や形をして、敵に狙われないようにしています。オオムラサキの幼虫（P54）が、葉っぱに似た色をしているのも、同じ理由です。他にも、クモの仲間であるトリノフンダマシのように、鳥のフンに体を似せる虫や、自分のフンを体にのせて身を隠す虫もいます。

【においを似せる（化学擬態）】

アリヅカコオロギは、アリと同じにおいを発して、アリに仲間だと思わせます。そして、アリが運んできたエサを一緒に食べるのです。また、トビモンオオエダシャクの幼虫は、枝のような見た目をしながら、その植物と同じにおいを発します。これは目で獲物を探す鳥と、においで獲物を探すアリなどの両方から身を守るためです。

アリ（左）とアリヅカコオロギ（右）

【毒を持っている昆虫に似せる（ベイツ型擬態）】

毒を持たないトラカミキリは、毒を持つスズメバチに体の色を似せています。毒を持っているフリをして、敵から身を守っているのです。

スズメバチ（上）とトラカミキリ（下）

【毒を持っている昆虫同士が見た目を似せる（ミューラー型擬態）】

日本にいるスズメバチの仲間は、オオスズメバチやキイロスズメバチなど、どれも黒とオレンジのしま模様です。これはお互いに見た目を似せ合うことで、「黒とオレンジのしま模様は危険」だということを鳥などのさまざまな敵にアピールしていると考えられます。

擬態をする昆虫のほとんどは、敵から身を守ることを目的にしています。しかし、中にはハナカマキリ（P72）のように、自然の風景に体をなじませ、獲物が近づいてくるのを待って襲う昆虫もいます。

「特徴×特徴」で突き抜けよう!

ヘラクレスオオカブト※

コウチュウ目カブトムシ科

分布 中南米(エクアドルなど)

体長 46〜178mm

さっきオオコノハムシさんがいいこと言ってたね。「長所と短所は表裏一体（ひょうりいったい）（P120）」だって。

カブトムシって、「虫の王様」ってイメージがあるから、短所なんてなさそうですけど？

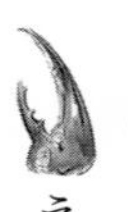

まぁそうだね。基本的にぼくは「ツノがかっこいい」ってちやほやされるし、昆虫（こんちゅう）の人気投票をしたらいつも圧倒的（あっとうてき）に1位だし。

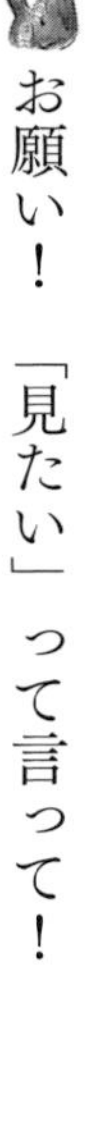

へぇ……すごいですね（自分のこと、大好きだな）。

え？「人気投票の結果が見たい」って？

言ってません。人気者なのは分かったから別に見せなくていいよ。

お願い！「見たい」って言って！

……見せたいんでしょ。はいはい、見たいです。

仕方ないなぁ、今回だけ特別だよ。ではこちらが投票結果です。

※ヘラクレスオオカブトの名前は、「ヘルクレスオオカブト」でもどっちでもいい。

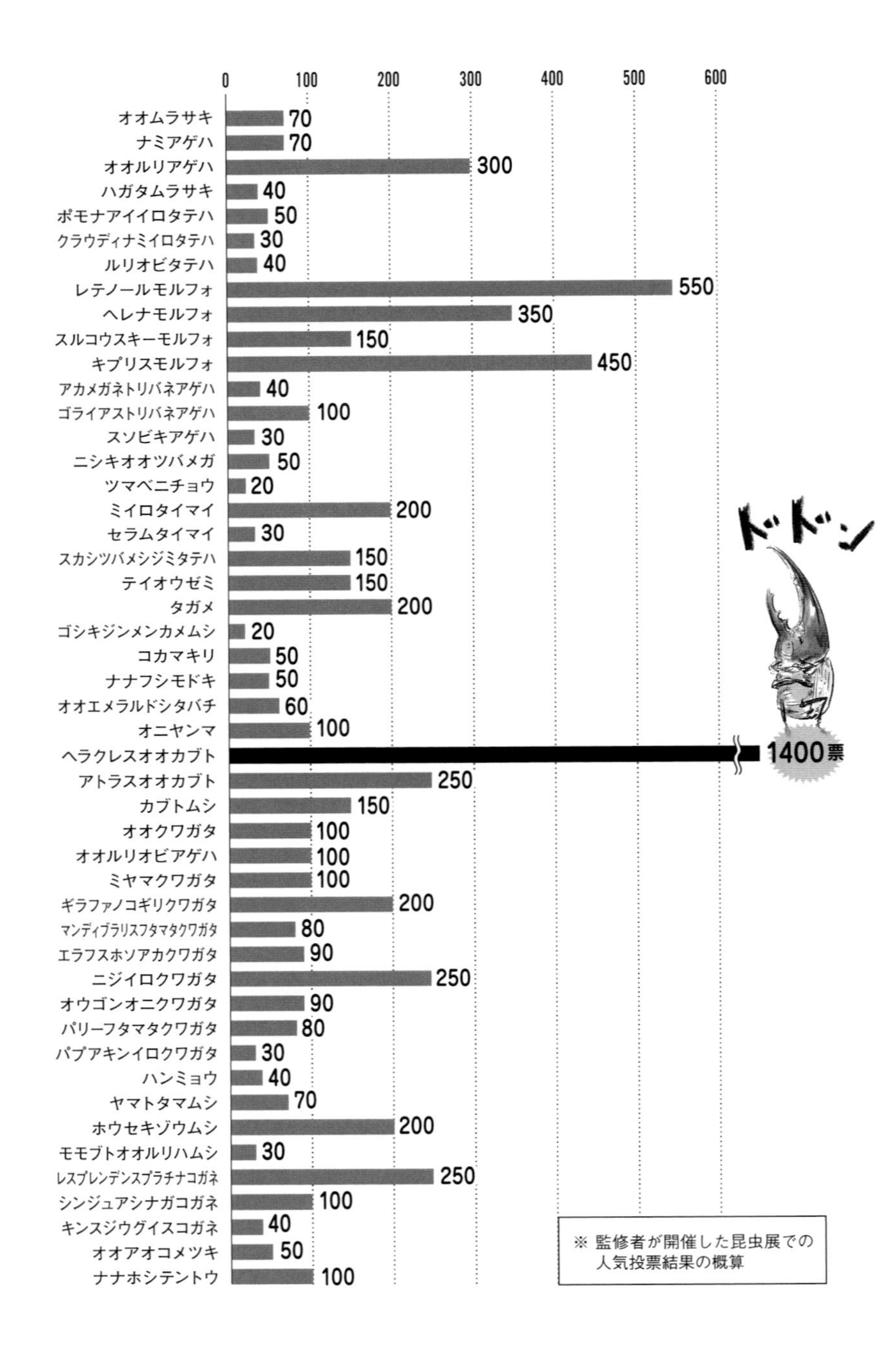
0
100
200
300
400
500
600
オオムラサキ 70
ナミアゲハ 70
オオルリアゲハ 300
ハガタムラサキ 40
ポモナアイイロタテハ 50
クラウディナミイロタテハ 30
ルリオビタテハ 40
レテノールモルフォ 550
ヘレナモルフォ 350
スルコウスキーモルフォ 150
キプリスモルフォ 450
アカメガネトリバネアゲハ 40
ゴライアストリバネアゲハ 100
スソビキアゲハ 30
ニシキオオツバメガ 50
ツマベニチョウ 20
ミイロタイマイ 200
セラムタイマイ 30
スカシツバメシジミタテハ 150
テイオウゼミ 150
タガメ 200
ゴシキジンメンカメムシ 20
コカマキリ 50
ナナフシモドキ 50
オオエメラルドシタバチ 60
オニヤンマ 100
ヘラクレスオオカブト 1400票
アトラスオオカブト 250
カブトムシ 150
オオクワガタ 100
オオルリオビアゲハ 100
ミヤマクワガタ 100
ギラファノコギリクワガタ 200
マンディブラリスフタマタクワガタ 80
エラフスホソアカクワガタ 90
ニジイロクワガタ 250
オウゴンオニクワガタ 90
パリーフタマタクワガタ 80
パプアキンイロクワガタ 30
ハンミョウ 40
ヤマトタマムシ 70
ホウセキゾウムシ 200
モモブトオオルリハムシ 30
レスプレンデンスプラチナコガネ 250
シンジュアシナガコガネ 100
キンスジウグイスコガネ 40
オオアオコメツキ 50
ナナホシテントウ 100
ドドン
※ 監修者が開催した昆虫展での
人気投票結果の概算

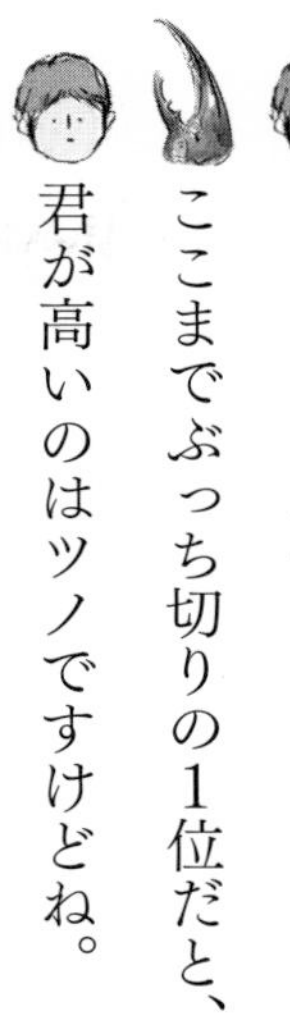
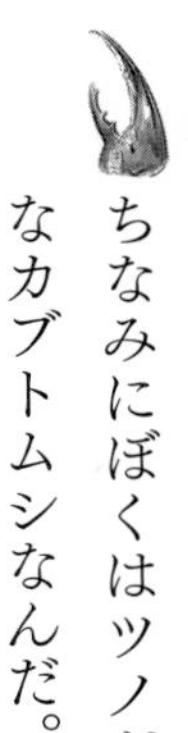

ホントだ、圧倒的人気……。

ここまでぶっち切りの1位だと、鼻が高くなるのも仕方ないでしょ。

君が高いのはツノですけどね。

ちなみにぼくはツノがかっこいいだけじゃなくて、世界で一番大きなカブトムシなんだ。

へぇ〜、確かにかなり迫力のある体ですもんね。

そして名前の由来はギリシャ神話の英雄「ヘラクレス」。※

全てがかっこよくて、正直ちょっと嫉妬します。

まぁそんなこと言わないでよ、人気者のぼくにも、苦手なことがないわけじゃない。ぼくはね……

※ ヘラクレス：最高神・ゼウスと人間の女性との間に生まれた、ギリシャ神話の英雄。

飛ぶのが
ヘタなんだ
あぁぁぁ…

体が重くて、飛ぶのがヘタなんだ。※

えええええ！　超意外。でも言われてみれば、あんまりカブトムシが飛んでる姿って見たことないかも。さっき、オオコノハムシさんが「私は飛べない」って言ってたけど（P124）、昆虫で飛べないのって結構ダサ……

いやあの子とは違うから！　ぼくは「飛べない」んじゃない。「飛ぶのがヘタ」なだけだから！

……（あまり変わらない気が）。

でもね、ぼくの場合は「かっこいい」ってイメージがあるから、「飛ぶのがヘタ」って知ると、みんな君みたいに結構驚くんだよな。

そりゃ豪快に飛ぶ姿を想像しますからね。

そうだ、もう1つカブトムシが苦手なことを教えよう……

※ カブトムシは前ばねを大きく広げ、後ろばねを動かしながら飛ぶ。時にふらつくその姿は、わりとぎこちない。

カブトムシは暑いのが苦手なんだ。

「カブトムシ＝夏」みたいなイメージがあるかもしれないけどね。

えええええ！

カブトムシは一般的に日が当たる場所は嫌いだし、そもそも昼は土の中とかで休んでるんだよ。で、涼しい夜になると、外に出て樹液をなめるために木に登るんだ。

夜型なんだ。

「夜行性」と言ってくれ。※

……（あまり変わらない気が）。

人間みたいにダラダラ遅くまで起きているのとは、意味合いが違うからね。まぁいいや、何が言いたいかっていうと、ぼくみたいな人気者でも短所はいくつかある。でも、あまり知られてないよね。それは、みんながぼくの「見た目のかっこよさ」だけに注目して、好意を抱いているからなんだ。つまり……

※カブトムシのように、昼間は休み、夜間に活動する性質を「夜行性」と言う。

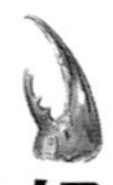

好きになってもらえたら、短所に注目されることは少ないんだ。一度「かっこいい虫」と好意を抱いたら、そこにだけ注目するでしょ？　いわゆるファンみたいなものだね。そうやって自分のファンを作ると、短所さえ武器になるんだ。

どういうことですか？

「あんなにかっこいいのに、飛ぶのが苦手なんてキュンとしちゃう！」ってギャップ萌えするらしい。普通なら「ダサい」「カッコ悪い」と思われそうなことでも、ファンは短所すら好意的に受け止めてくれたりするんだ。人間の世界でも、そういうのあるでしょ？

確かに。嫌いな人の短所はイラっとするけど、好きな人の短所は笑って流せたりしますから。

そうそう。**同じ短所でも、だれの短所かで感じ方は全く変わるんだ。**そういう点でも、ファンになってもらえるかどうかは、かなり重要なことだよ。

……でも、君のツノみたいな長所を持ってるのなんて、かなりレアだと思うんですけど。

いやいや、「ツノがある」という点だけなら、他のカブトムシと一緒(いっしょ)でしょ。

あぁ、そういえばそうですね。

昆虫(こんちゅう)の中で「ツノがある」のは珍(めずら)しいけれど、カブトムシの中ではツノがあるのは当たり前。そこでぼくは……

「かっこいいツノ×大きい体」で、
突き抜けた人気をゲットしたんだ。

つまり2つの特徴をかけあわせたんだ。**「特徴×特徴」だよ。**

ところで、君に

は何か人に誇(ほこ)れる特技があるかい？

んー、体力には少し自信がありますけど……。

なるほど。「体力がある営業」だけだと、わりと普通(ふつう)かもしれない。
でも例えば「体力があって絵が得意な営業」とかだったら、なんか
新しい気がしない？

そうですね。商談で絵を描(か)いて商品説明とかしたら、面白(おもしろ)がってく
れるお客さんもいそうな気がします。

そこで相手が君を気に入ってくれたら、多少苦手なことがあっても、
目をつぶってもらえると思うよ。ぼくが「飛ぶのがヘタ」ってことが、
あまり話題にならないようにね。ということで、もう1つくらい特
技ないの？

えっ？　恥(は)ずかしいし言いたくないです……。

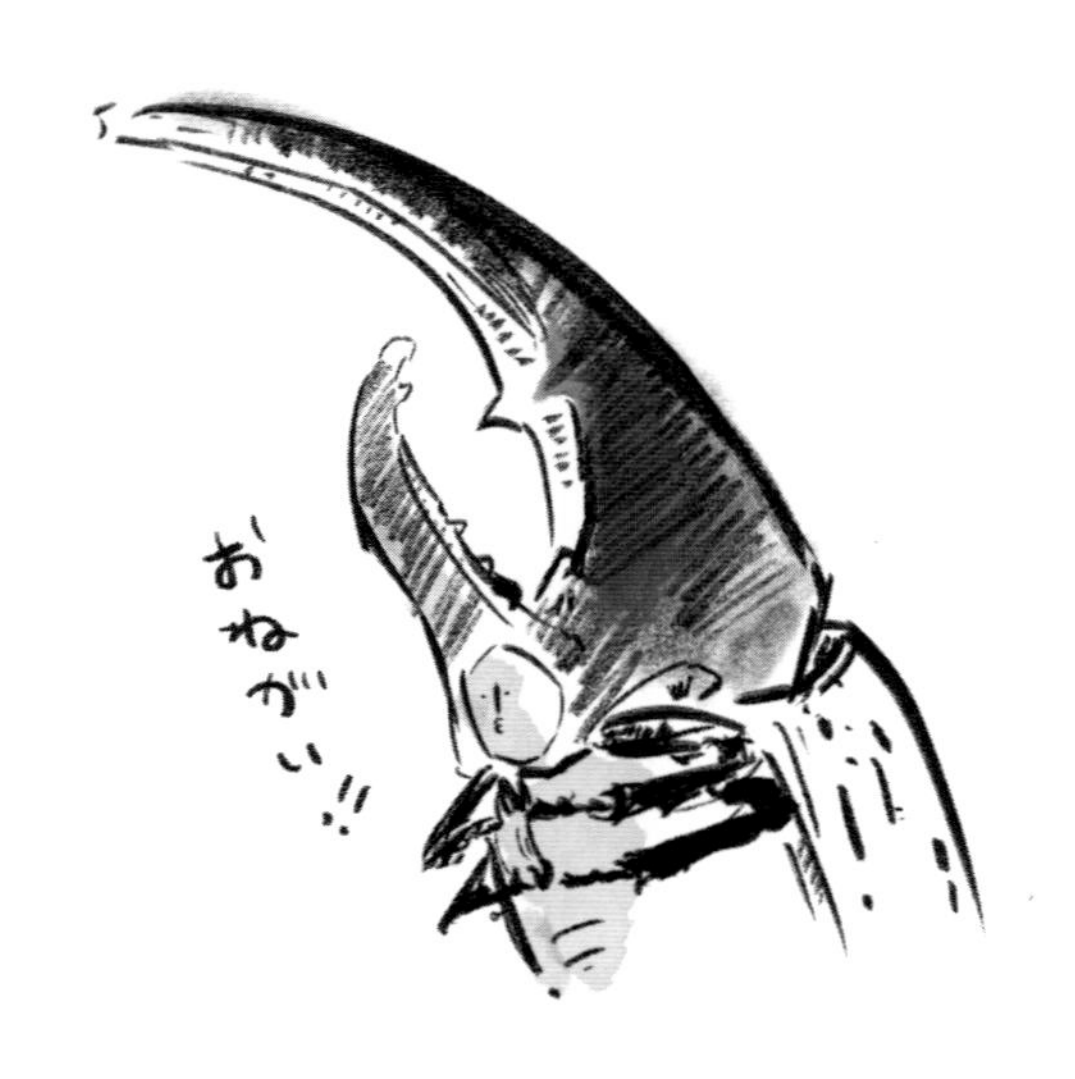

お願い！　教えて！

……お姉ちゃんが星空好きだから、その影響で星には詳しいほうだと思うけど。

「体力があって星に詳しい営業」かぁ……そうは見えないけどな。

「教えて」って言ったのそっちでしょう！

ヘルクレス座、※好き？

ホント、自分のことが好きですね。

※ヘルクレス座：夏の星座。星座の場合は「ヘラクレス座」ではなく「ヘルクレス座」が正式名称。

ヘラクレスオオカブトの教え

　1つのアピールポイントだけで勝負しようとしちゃダメ！　同じような長所を持ってる人はたくさんいるから、埋もれてしまうよ。

　アピールポイントは2つかけあわせて、存在感を際立たせてみよう。**「特徴×特徴」で勝負するんだ。**例えば「体力がある営業」だとわりと普通だけど、「体力があって星に詳しい営業」なら個性的だし、面白がってくれる人もいるんじゃないかな。そうやって**一度気に入ってもらえたら、短所を批判されることも少ないはずだよ。**

ギャップ萌え

わが名はヘラクレス!!
世界最大のカブトムシだ
うおおおお〜カッコイイ〜〜!!
とう!!
わぁっ!! とんだ!!
デシ
デシ
あ…おちた…
てへへ…
しっぱいしたぜ…
あれっ……
なんかしっぱいしてもカッコイイ!!

サインかいて
あげよっか？

うおおお
しっぱいした直後なのに
カッコイ〜〜

ムシできないコラム 9

昆虫の「はね」

「カブトムシは飛ぶのがヘタ」、という話が出てきましたが、ここでは昆虫のはねの役割を4つ紹介します。

【1 飛ぶ】

昆虫が地球上を飛び始めたのは3億年以上前。それから約1億5千万年以上の間、地球上で唯一飛べる生き物が昆虫だったのです。昆虫は飛ぶことで敵から逃げやすくなり、広範囲に子孫を残せるようになりました。「飛ぶ」という能力が、地球上で昆虫が繁栄することになったきっかけの1つであることは間違いなさそうです。

【2 体を温める】

昆虫は寒い時、太陽の光をはねに当てて体温を上げます。昆虫のはねは、もともと体温調節のために体の一部が伸びたものと考えられているのです。ちなみに、昆虫は外の温度によって体温が変化する変温動物。一方、人間など哺乳類は、体温がほぼ一定である恒温動物です。

【3 形や模様で敵から身を守る】

オオコノハムシ（P120）のように、はねの形や模様を葉っぱなどに似せて擬態することで、敵から隠れる昆虫はたくさんいます。また、多くの昆虫はメスのはねが地味ですが、それも敵に見つからないためです。逆に、目玉模様や派手な模様のあるはねを持つことで、敵に「自分は危険だぞ」と警告して身を守る昆虫もいます。

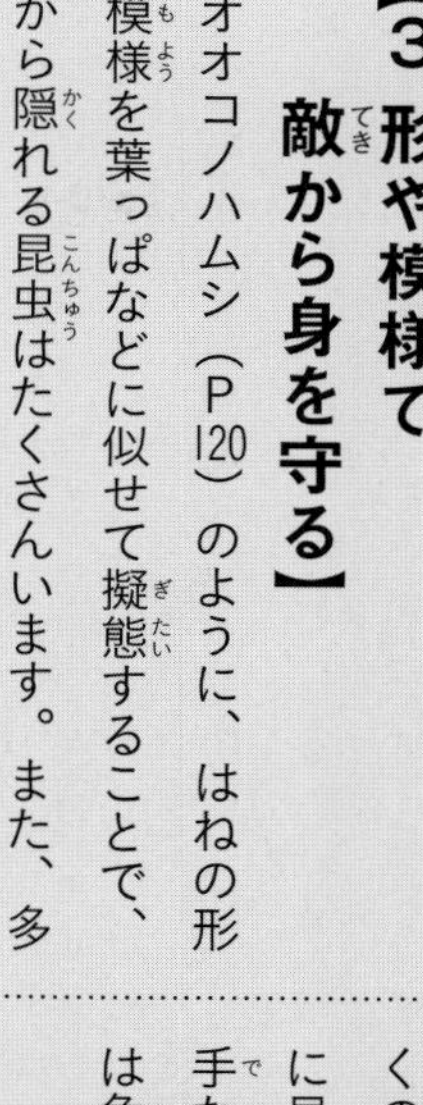

【4 形や模様で仲間を見つけやすくする】

はねの形や模様に特徴をつけることで、オスが同じ種のメスを見つけやすくするなどのメリットがあります。

ちなみに、この本で「はね」をひらがなにしているのは、昆虫のはねの正式表記が「羽」ではなく、「翅」だからです（「翅」だとちょっと堅苦しいので）。

思いは伝えなきゃ、
思ってないのと同じさ。

ピーコックスパイダー

クモ目ハエトリグモ科

分布 オーストラリア

体長 約5mm

君、周りの人に対していろいろ不満を抱いてるそうだけれど、その気持ちを直接相手に伝えたことはあるのかい？

いえ、言ってません。たぶん面倒なことになるし。

そうかそうか。でも、自分の気持ちを伝えずに「分かってくれない」とグチるのは、ちょっと勝手すぎないかい？

いやでも、普通、大人なら察してくれるもんじゃないですか？

じゃあ君は、周りの人の気持ちを察することができてるかい？　できてないから不満を抱いてるんじゃないかな。

……。

では例え話をしよう。ぼくが女の子をくどく時、何をすると思う？

突然だなぁ……知らないですよ。プレゼントとか？

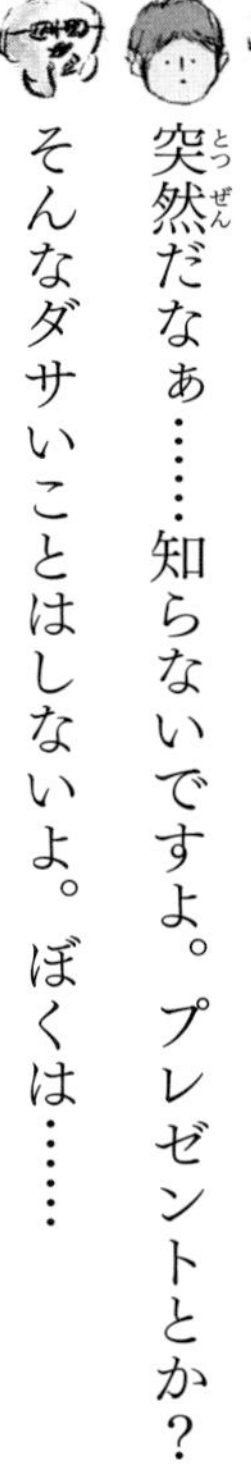
そんなダサいことはしないよ。ぼくは……

全力でおどるのさ!

ダサっ!

普段(ふだん)はおなかに隠(かく)しているこの派手(はで)な模様(もよう)を見せてね。※1 これが「好きだ」という告白のサインなのさ。ここまで情熱的なダンスをすれば、気に入ってもらえると思わないかい?

えっと……思いは伝わると思います(気に入るかどうかは別だけど)。

だろう? まずは伝えることが大切なのさ。

まぁでも、昆虫(こんちゅう)は気楽でいいですよね。

※1 ピーコックスパイダーのオスは、求愛する際、腹にある鮮やかな模様の膜を広げ、あしもあげておどり出す。

おどるだけで伝わるんだから。

……君、今、なんつった？

え？　おどるだけで伝わ……あ、気に障ったらごめんなさい。

いや、その前さ。

ん？　気楽でいい……

その前！

え？　何も言ってないですよ。昆虫は気……

そこ！　クモは昆虫じゃないからねっ！※2

ご、ごめんなさい！（キレるポイントそこ!?）

まぁいいだろう。でも、ぼくだってそんなに気楽じゃないのさ。だって、ダンスをしてメスに気に入ってもらえなかったら……

※2　体が頭部、胸部、腹部に分かれ、あしが6本なのが昆虫。クモは頭胸部、腹部に分かれ、あしは8本。従ってクモは昆虫に含まれない。

食べられちゃうんだから。※

えええええ！

だから後悔しないように、ぼくは全力でおどってメスに思いを伝えるのさ。君はそこまで本気で相手に思いを伝えたことがあるかい？

生死を賭けて思いを伝えることはないですね……っていうか、思ってることを言って失敗するとなぁ、言い争いになったり気まずくなったりして面倒なんですよね。そこは空気を読んで……

でも死ぬリスクはないんだろう？　人間は気楽でいいよなぁー。

……（さっき「気楽」って言ったの、実は根に持ってるな）。

君が相手に対して何か思っていても、

伝えなければ、相手からすれば思ってないのと同じなのさ。相手は君の思いを

※ピーコックスパイダーのオスは、ダンスをメスに気に入ってもらえないと食べられてしまうことがある。

「分かってくれない」んじゃない。
「気づいてない」だけかもしれないんだ。だから本気で伝えたら、意外と「ごめん、そう思ってるとは気づかなかった」と言われてすぐ解決、なんてこともあると思うよ。

いやぁ、そんなすんなりいくのは、運がいい時だけじゃないかなぁ。

でもね、**人は人の本音に弱い生き物なのさ。**君が本気で思いを伝えれば、たとえ衝突したとしても現状は変えられると思うよ。

うーん、うまくいきますかねぇ？

……あっそう、納得いかないわけね。ぼくの言うこと信じないわけね。じゃあこれまで通り、何も伝えなければいいさ。でも、思いは伝えなきゃ、何も思ってないのと同じだからね……

……。

君の場合、言葉で伝えなくても、態度だけで思いがめちゃめちゃ伝わってきますね……。

ピーコックスパイダーの教え

相手に対して「なんで分かってくれないんだ」と不満を抱（いだ）いた時、そもそも相手が君の本心に気づいているかどうかはすごく重要だよ。君は、自分の思いを相手にきちんと伝えただろうか？　もしかしたら、**相手は「こちらの思いを分かってくれない」のではなく、「こちらの思いに気づいてない」だけかもしれない。思いって伝えなきゃ、相手からすれば思ってないのと同じなんだ。**伝えることから、全てが始まるよ。

思いを伝える

LOVE
LOVE
好き好き
…
あ…あれ？…
ぼくの気持ち伝わってない？
伝わってるよ。
ただ…
ゴメンなさい
―その後彼は一晩中かなしみのダンスを踊りつづけた…―

つぎは
ヒップホップダンスに
しようかな・・・

ムシできないコラム 10

昆虫の求愛

ほとんどの昆虫は、オスがメスにアピールをします。鳴いたり、プレゼントしたり、光ったり、そのアピール方法はさまざまです。

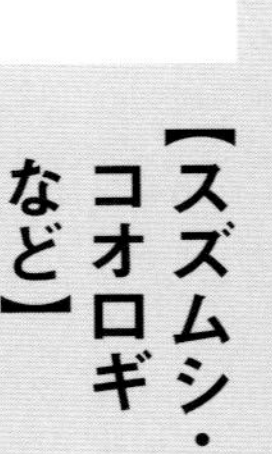

コオロギ

【スズムシ・コオロギなど】

左右のはねをすり合わせて鳴き、メスにアピールします。

【セミ】

腹にある膜を振動させて鳴き、メスにアピールします。オスの腹の中はほぼ空洞で、音が響きやすい仕組みになっています。

【オドリバエの仲間】

オスはメスに獲物をプレゼントして、メスが獲物を食べている間に交尾をスタート。中には、あしから白い糸を出して獲物をくるみ、ていねいに包んで渡すものもいます。しかし、種によっ

オドリバエ

てはその中身が空っぽのこともあるとか……。ラッピングだけを渡して、交尾をしてしまうのです。

ちなみに、シリアゲムシやガガンボモドキも、オスがメスにプレゼントをします。

【ゲンジボタル】

オスたちは腹にある発光器を使い、点滅する周期をそろえて光ります。一斉に光ることで、遠くのメスにもアピールするのです。その周期は地域によって違いがあり、東日本では3〜4秒ごとに1回、西日本では2秒ごとに1回光ります。

ちなみに、ゲンジボタルはオスだけでなくメスも光り、卵、幼虫、さなぎも光ります。仲間とのコミュニケーションや、敵を威嚇するためだと考えられています（日本にいる約50種のホタルのうち、成虫がよく光るのは約15種）。

また、ホタルの仲間には、他の種のメスの光り方を真似して、その種のオスをおびきよせ、食べてしまうものもいます。

ゲンジボタル

距離(きょり)が近いと、
もめやすいんです。

クサカゲロウ※

アミメカゲロウ目クサカゲロウ科

分布 日本

体長 27〜35mm
（はねを広げた大きさ）

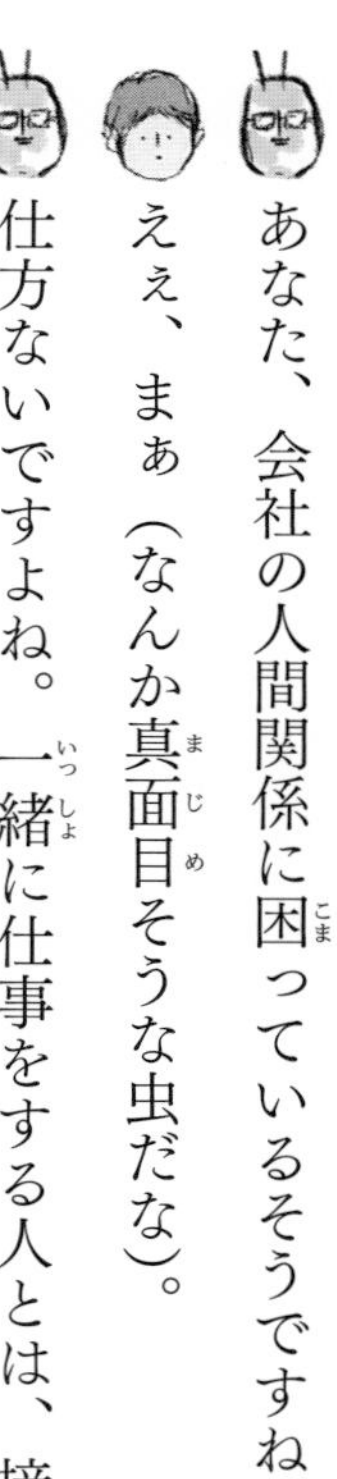

あなた、会社の人間関係に困っているそうですね？

ええ、まぁ（なんか真面目そうな虫だな）。

仕方ないですよね。一緒に仕事をする人とは、接する機会も多いわけで、問題も起こりやすくなりますから。

ホント、いろいろ大変です。

昆虫の世界も一緒ですよ。クロオオアリ（P12）みたいにうまく周りと協力する昆虫もいれば、サバクトビバッタ（P42）みたいに密集して共食いを始めちゃう昆虫もいますし。ところで、名刺交換させてもらってもいいですか？　ちょっと急いでいるので、5分ほどしかお話しできないのですが。

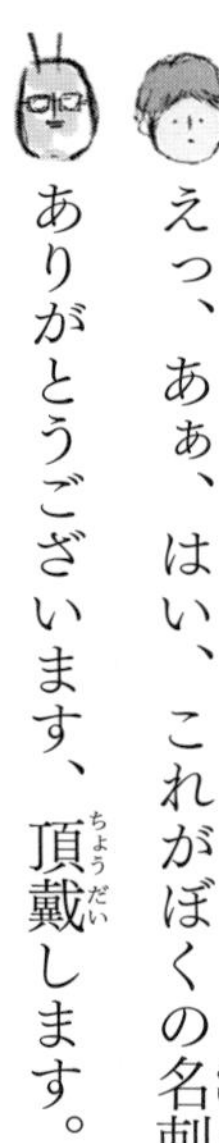

えっ、あぁ、はい、これがぼくの名刺です。夏田太郎と申します。

ありがとうございます、頂戴します。ワタクシは……

※ カゲロウの仲間は、基本的に成虫の寿命が短い。しかし、クサカゲロウの成虫の寿命は約３ヶ月ほど。意外と生きる。

クサカ　ゲロウと申します。

……無理に人の名前みたいに言わなくていいですよ。

時間がないので、端的に生き物の真理をご説明しますね。

生き物の真理？

基本的に生き物って、近くにいる存在と衝突してしまうんです。 例えば家族とかって、気兼ねなく話せる分、イラッとくることも多いでしょう？　他にも、隣の国と仲が悪くなるのも、単純に距離が近くて利害の接点が多いからなんです。そこで大切なのは、相手と正面から向き合わないこと。

向き合うことが、悪いことなんですか？

話し合うことは大切ですが、なんと言うか……がっつり向き合うと主張がぶつかって傷つけ合うことになるので……もっと視野を広げて考えるべきなんです。

視野を広げる……どういう意味でしょう？

ここでワタクシの母の話をしますね。母は産卵の時、植物の葉に卵を数十個産んだのですが、その際……

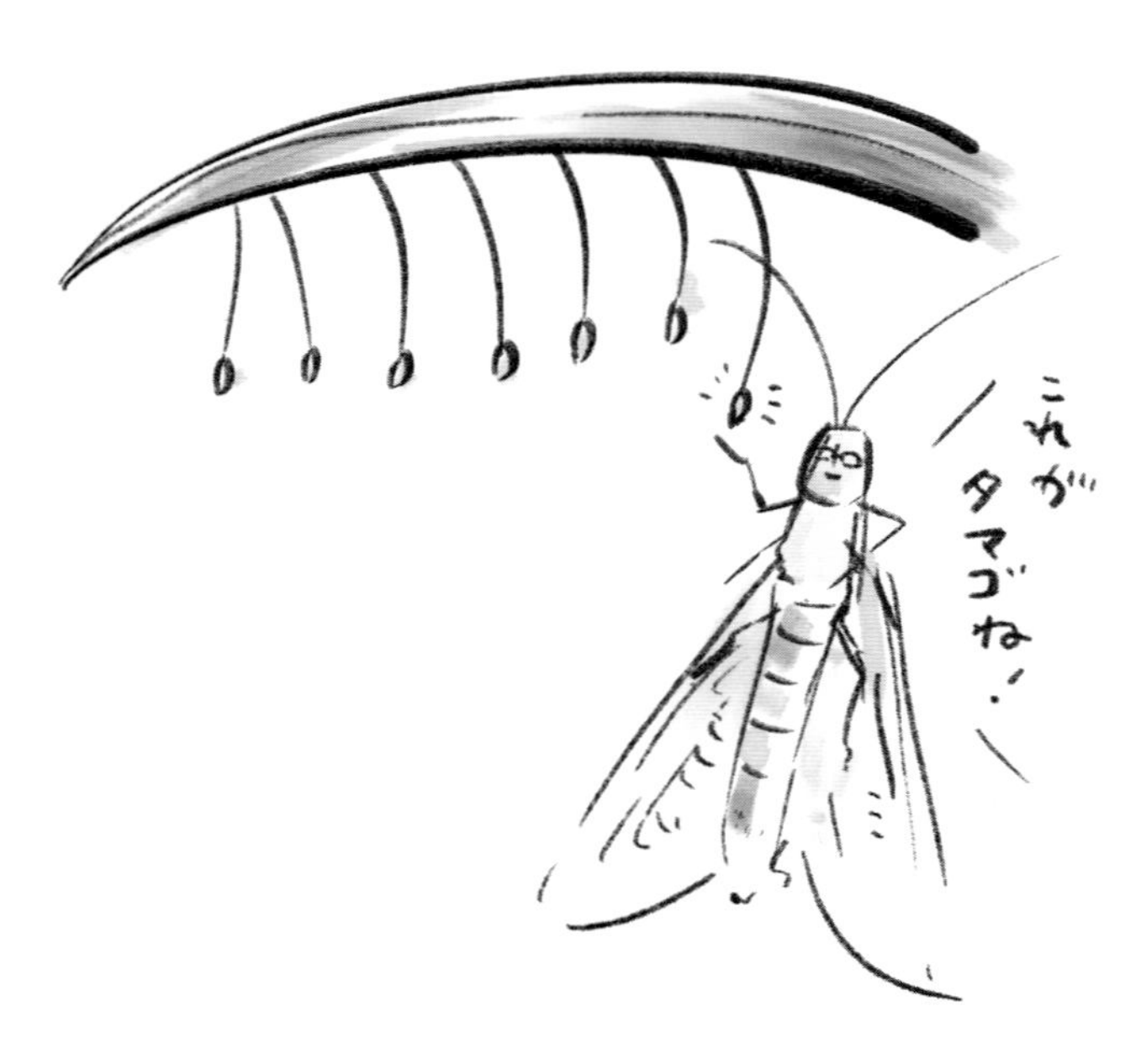

わざと間隔を空けて産んだんです。

しかも、葉に直接産むのではなく、糸のようなものを作って、その先端に卵を産みつけます。※1 葉からちょっと離して産むんです。※2

なんでそんな面倒なことを……？

2つ理由があります。1つは、天敵のアリから卵を守るためです。葉から

※1　クサカゲロウのメスは、葉や茎に卵を産む際、最初に腹の先から細長い分泌物を出す。それは空気に触れると固まり、糸のようなものになる。その先端に卵を産みつける。これを移動しながら繰り返して、いくつもの卵を産む。

離して卵を産めば、葉にいるアリも卵に気づかないので。

もう1つの理由は？

共食いしないためです。

君も共食いするタイプの虫か！

幼虫時代は、ワタクシもやんちゃしてまして。

食いしん坊なだけでしょ……。

でも離して産んでもらったので、共食いはせずに周りにいるアブラムシなどを食べていましたよ。で、さっきの話とつながるのですが、**共食いって結局、近くにいる相手だけを見ているから起きるんです。**だからそういう対立を減らすには……

※2 茎や葉にぶらさがるクサカゲロウの卵は、日本では「優曇華（うどんげ）の花」と呼ばれ、俳句では夏の季語になっている。

相手と向き合うんじゃなくて、一緒に周りを見渡すべきです。視野を広げて周りを見渡し、景色を共有し、お互いのやるべきことを再確認すれば、衝突の回数を減らすことはできるんじゃないでしょうか。もちろん、ゼロにすることは難しいと思いますが。

相手と一緒に目標を共有する、みたいなことですかね?

その前にまずは「自分と相手にとって共通の問題」を見つけること。**目標の共有より問題の共有**です。同じ問題を抱えていれば協力しやすい……これ、共通の敵がいれば仲良くなりやすいのと同じで「自然の鉄則」です。そして一番大切なのが、**相手のことを「相手」ではなく、「自分たち」と思えるようになること。**そうなれば、ぶっちゃけ目標なんてそれぞれ違ってもいいんです。早く帰りたい人もいれば、仕事をがんばりたい人もいる。いろんな生き方の人がいるのが会社ですから。

なるほど、共通の問題を見つければいいのか。そうすれば上司や部下を敵視せずに、仲間と思えるかもしれない。……がんばります。

あっ、では次のアポがあるのでそろそろワタクシは失礼しま……

えっ、最後になんか励ましの言葉とかくださいよ。

……えーっと……敵視をやめようなんて……いい……身分ですね。

励ますのヘタすぎでしょう！

すみません、ワタクシ、思っていないことは言えないものでして。

じゃあ、思ってるのと反対のことを言ってください。そうしたら励ましの言葉になるだろうから。

一生、ここにいたい。

……分かりました、どうぞ次のアポへ行ってください。

クサカゲロウの教え

だれかと関係が悪くなるのは、たいてい相手との距離が近いからです。そこで1対1で向き合ってはダメ。さらに争いは泥沼化しちゃいますから。視野を広げて、一緒に周りを見渡してみましょう。「1対1」の問題をひとまず置いておいて、「二人」にとって共通の問題を見つけるんです。

そうして「自分VS相手」ではなく、相手も含めて「自分たち」と思えるようになれたら、いろいろうまく回っていくと思いますよ。

では、この辺で失礼します。

周りを見よう

なんで君はいつもそうなんだ!!
君こそなんなんだ!!
君たちまわりを見た方がいいかも!
え・・・なんでさ
てきは他にいるかも・・・
・・・
ともに戦おう・・・
おう・・・

ザッ
今はともに戦おう…
はい〜〜

ムシできないコラム 11

昆虫の産卵とその後

幼虫を自分で育てる昆虫は、アリやハチなどごく一部。多くの昆虫は、親なしでも子孫が生き残るよう、卵をたくさん産んだり、産卵環境を工夫したりしています。

【タマオシコガネ】

メスは動物のフンを丸め、その中に卵を産み、卵からかえった幼虫はフンを食べながら成長します。フンを転がして丸めるため、「フンコロガシ」とも呼ばれます。

【オトシブミ】

メスは葉っぱを器用に折り、その中に卵を一つ産みつけます。さらに葉を巻き上げて筒状にしたら完成。卵からかえった幼虫は、その筒状の葉を内側から食べて成長します。

タマオシコガネ

【アブラムシ】

メスは生まれた瞬間から腹に子供がいて、成虫になると交尾をせずにその子供を産みます（卵は産みません）。しかし、秋になるとオスと交尾をして卵を産みます。これは寒い冬を卵の状態で乗り越えさせるためです。

【タガメ】

タガメ

交尾後、オスは卵の上を体で覆い、日光や敵から守ります。しかし、産卵前の別のメスが卵を守るオスを見つけると、襲いかかって卵を破壊。やがてそのオスと交尾して卵を産み、同じようにオスに卵を守らせるのです。

【コオイムシ】

メスがオスのはねの上に１００個ほどの卵を産みます。オスは幼虫が生まれるまで、はねの上にある卵を守ります。その期間、オスは飛ぶことができません。

【コブハサミムシ】

メスが卵や幼虫の世話をします。やがて死ぬと、幼虫たちに食べられてしまいます。

「みんなの幸せ」と
「個人の幸せ」は、
意外と一致しない。

ニホンミツバチ

ハチ目ミツバチ科

分布 日本

体長 12〜13mm（働きバチ）
17〜19mm（女王バチ）

あっ、またハチだ。

私はミツバチよ。あなたがさっき会ったのはスズメバチ（Ｐ26）。彼らはミツバチを襲うから、私たちの天敵なの。※1

ハチ同士も争うんですね。

そう。スズメバチに襲われたミツバチの巣は、まさに**蜂の巣をつついたよう**な騒ぎになるんだけど……※2

（ことわざ系の昆虫がここにも……）

スズメバチって人間を殺しちゃうくらい強いでしょ。体も彼らのほうが私たちより倍以上大きかったりするし、ミツバチ１匹じゃ絶対に勝てないわ。だからスズメバチに襲われた時は……

※1　スズメバチはニホンミツバチの幼虫や蜜を奪いにやってくる。

※2　蜂の巣をつついたよう：だれもが混乱して、大騒ぎになること。

みんなでギュウギュウに囲むの。

へぇ！　何匹（なんびき）ぐらいでですか？

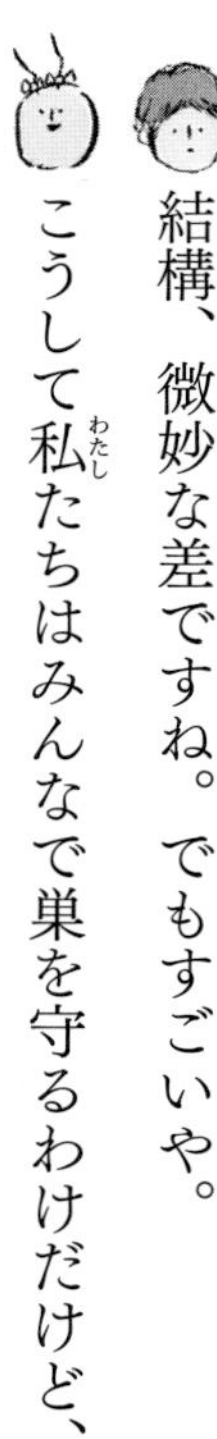

数百匹だったりすることもあるわ。

でも、ただ囲むだけじゃ勝てないんじゃ……？

ギュウギュウに押し込んで、温度を上げてやっつけるのよ。私たちは寒い日に筋肉を震わせることで体温を上げたりするんだけど、その方法で一斉に温度を上げて、アッツアツにしちゃうわけ。※これぞ

熱戦！

……。

スズメバチは私たちより熱に弱いからね。ミツバチは約50℃まで耐えられるけど、スズメバチが耐えられるのは約45℃まで。だから47℃くらいにしてやっつけるのよ。

結構、微妙な差ですね。でもすごいや。

こうして私たちはみんなで巣を守るわけだけど、時には……

※ニホンミツバチがスズメバチを熱で殺すために集団で囲むことを蜂球（ほうきゅう）と言う。

犠牲になる仲間もいるわ。 スズメバチに最初に向かっていったミツバチや、囲んでる時の中心に近いミツバチとか……何匹かは不幸な目にあっちゃうの。

まさに悲劇としか言いようがないですね、それは。

でもね、人間の世界にもいるでしょう？　1つの目標にみんなで向かってる時に、理不尽な理由で犠牲になっちゃう人。

あぁ、いますいます……頼まれると断れずに、面倒な仕事をどんどんふられてしまったり（まさにぼくだ）。

非情な話だけれど、**集団で行動している限り、そういう理不尽な犠牲は必ずあるの。**

でも、がんばってる人が報われないって、おかしくないですか？

もしかして、「努力は必ず報われる」とか思ってるの？　そういう名言もあるけど、実際は報われない努力なんて山ほどあるわよ。「全ての努力が報われるわけではない。でも成功した人は必ず努力している」みたいな名言もあるけど、あれもウソじゃないかしら。才能、運、悪知恵だけでうまく生き抜くヤツだっているから。例えば……

私とか。

え？

私、すごく強そうなスズメバチが襲ってきた時は、自分が犠牲にならないように、戦ってるフリをして外側を飛んでいるの。

うわぁ、ずるい！　……なんかそういうの聞くと、努力するのがバカらしくなるなぁ。

でもね、「なんで私だけがこんな目に」と思ってるのは、あなただけじゃないのよ。程度やタイミングの差はあっても、**だれにだって「なんで私だけ」って思うことが必ず起こるの。**みんながその気持ちを経験してると思えば、少しは気が楽にならない？

見事に自分のことを棚に上げましたね……。

「みんなの幸せ」と「個人の不幸せ」はセットなの。

だから、みんなの幸せを目指せば、必ずだれかは理不尽な不幸に襲われる。その不幸が自分に降りかかってきたら、「うわぁ今回は私の番かぁ」ってあきらめるしかないのかもね。もちろん、それがいいことだとは全然思ってないわよ、私も。ただ、それが「自然の鉄則」だっていうこと。

とは言っても、不幸が長く続いたり何度も起こるとつらいです……。

でも、私たちミツバチの場合、不幸は死に直結するけど、あなたの不幸は死ぬほどじゃないんでしょう?

さっきのクモも「死なないからマシ」みたいなことを言ってたけど(P154)人間のぼくにはその考え方、ピンとこないんですよね。

そういう不満ばかり言ってると……

ハチが当たるわよ。

当たるのは「バチ」でしょ！※1 っていうか意味が違いますから！

あっ、**泣きっ面に蜂だ。**※2

それも意味が違う気がします……。

※1 罰（ばち）が当たる：おごりや悪事の報いを受けること。

※2 泣きっ面に蜂：悪いことが重なって起こること。

ニホンミツバチの教え

集団で生活している限り、理不尽な犠牲は必ずあるもの。運悪く自分がその犠牲になった時、それを受け流すか引きずるかが、幸せな人と不幸せな人の違いなのかもね。

結局どんな時もできるだけご機嫌でいるのが一番よ。だれだって不機嫌そうな人より、機嫌の良さそうな人と仲良くしたいものだから。

バチが当たる?

わああああ…
？…

犠牲になる昆虫

昆虫の中には、みずから犠牲になって仲間を守るものもいます。

【バクダンオオアリ】

敵に襲われて劣勢になると、体内にある毒を溜め込んだ袋が爆発。自分は死んでしまいますが、毒を敵に浴びせて巣を守ろうとします。

【ミツバチの仲間】

敵に毒針を刺して抜く際、針につながっている内臓も一緒にとれてしまい、死んでしまいます。しかし、毒針からは危険を知らせるフェロモンが分泌され、それを感知した仲間たちが集まってきて敵に攻撃を始めます。

ちなみに、スズメバチは敵を刺しても自分が死ぬことはありません。

【ハナヂハムシ】

鳥などの敵に襲われた際、口から赤くて苦い液体（血リンパ液）をたらします。すると敵はハナヂハムシを吐き出し、それ以降、狙わなくなります。襲われたハナヂハムシは傷つくものの、敵に苦い経験を与え、仲間が襲われないようにするのです。

ちなみに、テントウムシも襲われると、あしの節から黄色い血リンパ液を出します。このように、敵に襲われた昆虫が口や関節などから出す血を「反射出血」と言います。

ハナヂハムシ

【ナナフシの仲間】

多くのナナフシは、体が細く、はねがないため飛べません。植物に擬態しているのですが、鳥に食べられることもしばしば。交尾をせずに卵を産める種もいて、メスは植物の種のような硬い殻に覆われた卵を体内に蓄えています。最近では、メスが鳥に食べられることで、より広範囲に子孫を残そうとしているとも考えられています。いくつかの硬い殻の卵が、鳥の体内で消化されず、そのまま排泄されたことが確認されたからです。また、その卵から幼虫が生まれたことも確認されています。メスは飛べないデメリットを、自分を犠牲にすることで補っているのかもしれません。

鳥に食べられたナナフシ

「何を守るか」とは、「何を手放すか」ですよ。

ウラナミシジミ※

チョウ目シジミチョウ科

分布 日本（関東地方より南）

体長 28〜34mm（はねを広げた大きさ）

こ、こんにちは。地味でごめんなさい。

そんな、いきなり謝らないでくださいよ。別に地味だなんて思ってませんし（なんか控えめな虫だな）。……あっ、はねの後ろにある丸い模様、素敵ですね！

ほ、褒めていただきうれしいです。でもこれ、ファッション的なものじゃないんです。

そうなんですか？　ワンポイントでおしゃれだと思うけど。

ど、どちらかと言うと、おしゃれじゃなくておとりなんです。

おとり？

は、はい。私は後ろのはねに、丸い模様と触角のような突起を持つことで……

※シジミチョウの「シジミ」は、シジミ貝に大きさや形が似ていることが由来と考えられている。地味だからではない。

後ろに頭があるフリをしてるんです。※1

なんで!?

ご、ごめんなさい！

※1 シジミチョウの後ろばねにある、触角のような突起を「尾状突起（びじょうとっき）」と呼ぶ。また、後ろばねにある目玉のような丸い模様を「眼状紋（がんじょうもん）」と呼ぶ。

いや、謝らなくて大丈夫です。で、なんでですか？

ほ、本物の頭を狙われないためです。敵に頭を狙われたら一発で命を落としてしまうので。頭に似たはねを狙わせることで、※2 一番大切な命だけは守ろうとしてるんです。

はぁ〜、工夫してるんですね。

あ、ありがとうございます。でも、工夫というよりは苦肉の策です。理想を言えば、やっぱり、身を削らずに生きていきたいので。

そうですよね、ぼくも会社で身を削るできごとが多くてつらいです。周りとうまくいかなくて、不満もたまるし、妥協しなきゃいけないこともいっぱいあるし。

きょ、共感していただきありがとうございます。でも、1つ言わせてください。私の場合は……

※2 多くのシジミチョウの仲間は、とまっている時に尾状突起と眼状紋のある後ろばねをすり合わせるように動かす。これは、敵に対して頭が後ろにあるように錯覚させていると考えられている。

積極的な妥協なんです。あなたのような普通の妥協とは違います。

……（控えめに見えて、結構はっきり否定してくるなぁ）。

な、なんでも全部自分の思い通りにいく生き物なんて、いないと思うんです。だから私は**問題が起きた時のために、手放すものを最初に用意してるんです。**

それが後ろばねの模様と突起ってわけなんですね。

は、はい。絶対に譲れないものがある時こそ、**そこまでこだわりのない部分は、積極的に妥協する。**それが「自然の鉄則」です。私の場合、絶対に譲れないのは自分の命。それを守れるなら、体の一部を喜んで差し出します。

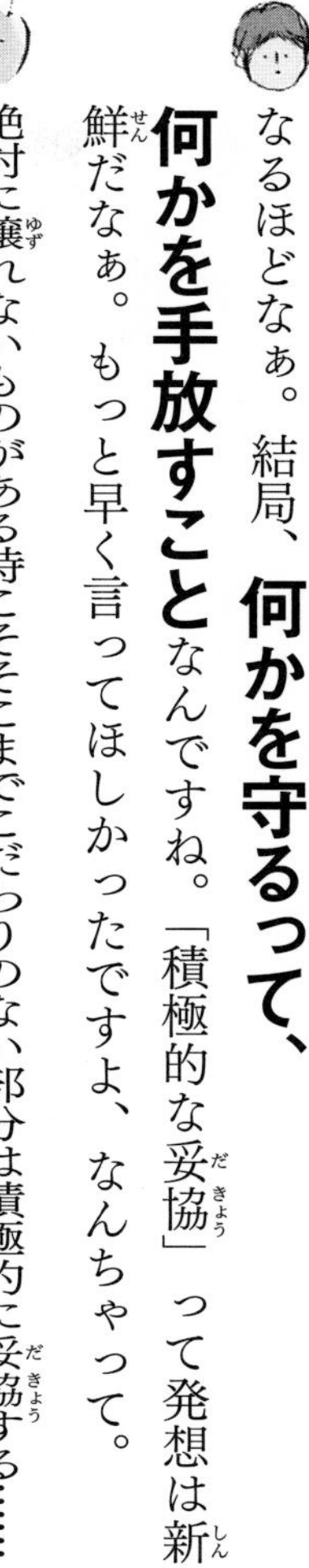

なるほどなぁ。結局、**何かを守るって、何かを手放すこと**なんですね。「積極的な妥協」って発想は新鮮だなぁ。もっと早く言ってほしかったですよ、なんちゃって。

絶対に譲れないものがある時こそそこまでこだわりのない部分は積極的に妥協する……

早口って意味じゃないです……。

ご、ごめんなさい！

いや、謝らなくていいですから。むしろ感謝したいくらいです。おかげで考え方が変わってきましたから。ぼくもただ妥協するのはやめて、優先順位を考えて妥協できるようがんばります。うまく折り合いをつけて生きなきゃいけないのは、君もぼくも同じですからね。

い、いや……

一緒じゃないです。私は、すでに積極的な妥協を実践していますから。

はっきり言うなぁ……。でもぼくもがんばりますよ。

ご、ごめんなさい！　言いすぎました！

いや、だから謝らなくていいですよ（全然控えめな虫じゃなかった）。

ウラナミシジミの教え

え、えーっと、生きていると妥協(だきょう)が必要なシーンってたくさんあります。「妥協(だきょう)」って聞くとネガティブなイメージを持つ方が多いかもしれませんが、**優先順位(ゆうせんじゅんい)の低いことは積極的に妥協(だきょう)したほうがいいです。**こだわる部分はこだわって、あとは思い切って譲(ゆず)る。そうすれば、周りとうまくやっていきながら、自分らしさも大切にできるはず。

妥協上手(だきょうじょうず)になると、生きるのがもっと楽しくなりますよ。

ウラナミシジミあるある

ー次の日ー

やあキミ
めずらしい
虫だね!

…またこの
パターン…

ムシできないコラム 13

自己擬態と自切

昆虫の中には、自分の体の一部を、他の一部に似せる「自己擬態」や、体の一部を切って逃げる「自切」によってなんとか生き延びようとするものがいます。

【オオミズアオ】

後ろばねの先にある細長い部分は、ウラナミシジミ（P190）と同じく「尾状突起」と呼ばれます。頭より目立つ尾状突起を敵に狙わせることで、身を守っていると考えられています。実際に、尾状突起を失ったオオミズアオが飛んでいることもあります。

オオミズアオ

【ジャノメチョウの仲間】

ジャノメチョウの多くは、後ろばねに複数の目玉模様（眼状紋）があります。天敵である鳥は、その目玉模様を目がけてついばむことが多いようです。

【ウラギンシジミの幼虫】

敵を威嚇する際、お尻にある突起からたくさんのふさのようなものを出して、振り回します。これも敵の意識を被害の少ないお尻に向けるためだと考えられています。

ヒロズアシブトウンカ（左）

【ヒロズアシブトウンカ】

お尻のほうに目のような模様や、触角のような突起を持っています。また、歩く方向も後ろ向きです。そうすることで、頭を狙われないようにしていると考えられています。

【ナナフシ】

敵に襲われた際、あしをつかまれると、みずからあしを切って（自切して）逃げようとします。命を落とすよりは、あしを犠牲にしたほうがましというわけです。これは敵に襲われたトカゲが尻尾を切ったり、カニがあしを切ったりするのと同じです。

ナナフシ（左）

傷(きず)つかないのは強さじゃない。
再生するのが
真の強さじゃ。

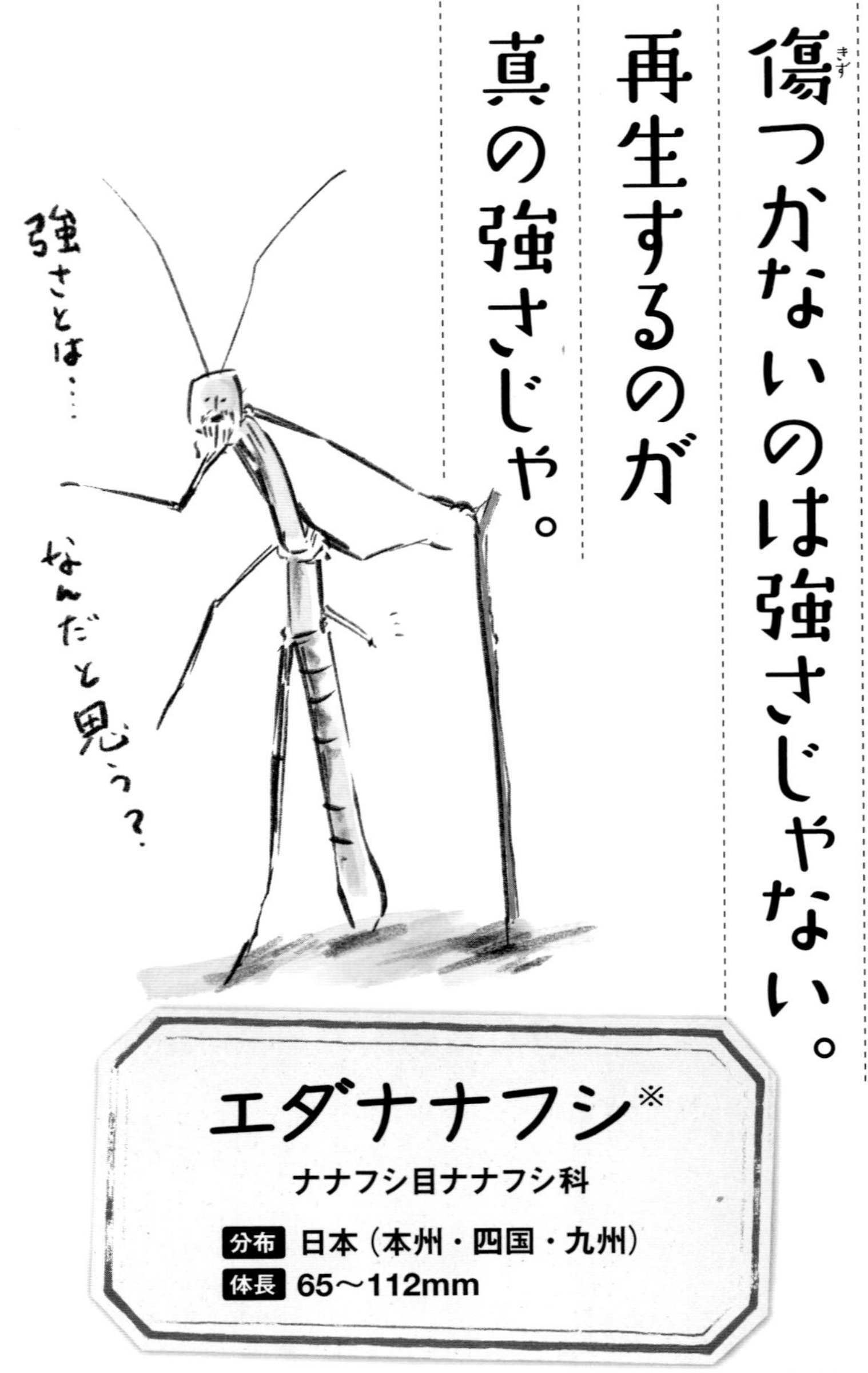

エダナナフシ※

ナナフシ目ナナフシ科

分布 日本（本州・四国・九州）

体長 65～112mm

ここをまっすぐ行けば、雑木林の出口じゃよ。

あっ、見たことある景色！　そうだ、ぼくは迷い込んでたんだった。

これでオヌシはまた、日常に戻るわけじゃな。周りの人に対して不満を抱いて、くすぶる日々に。

イヤな言い方しないでください……。みんなの話を聞いて、少し考え方は変わりましたよ。夏休みが終わって会社が始まったら、一度周りの人と本音で話し合ってみたいと思ってます。

それはいいことじゃ、まぁうまくいくかどうかは別問題じゃがな。

いちいちネガティブなことを……。

いや、ネガティブではない。オヌシみたいな若者にとってはある意味、ポジティブなことじゃ。どういう意味かというと……

あ、ちょっと待ってください。その前に1つ聞きたいことが……

※ナナフシの由来にはいくつかの説があるが、「たくさんの節がある」という意味で「七節（ナナフシ）」と呼ばれるようになった、とも言われている。ちなみに、ナナフシのオスが見つかるのは珍しい。

なんで、あしが1本欠けてるんですか？

……あれは3日前のことじゃ、急にカマキリが目の前に現れ、襲(おそ)いかかってきて……。

……それであしをちぎられちゃったんですね。

いや、隣(となり)にいたバッタが襲(おそ)われたんじゃ。

じゃあ言わないでください！

そのあとじゃな、草むらを歩いていたら鳥が上から近づいてきて、「こりゃもうダメじゃな」と思ったら、これまた隣にいたイモムシが襲われちゃって……「世の中ってホント怖いことだらけじゃ」と思ったよ、ワシは。オヌシもそう思わんか？

あしを失った話は!?

あぁ、そうじゃった。ワシは若い頃から臆病でな。いつもビクビクキョロキョロしながら草むらを歩いてるんじゃ。そうしたらさっき、前にいたカマキリに気づかずぶつかってしまってな。あしをつかまれてしまったんじゃ。

注意力低すぎでしょう……それでちぎられちゃったんですね。

いや……

自分でとっちゃった。※1

「とっちゃった」って子供(こども)か！　……自分でですか？

※1　ナナフシの仲間は、敵にあしをつかまれると、みずからあしを外して逃げる（P201）。

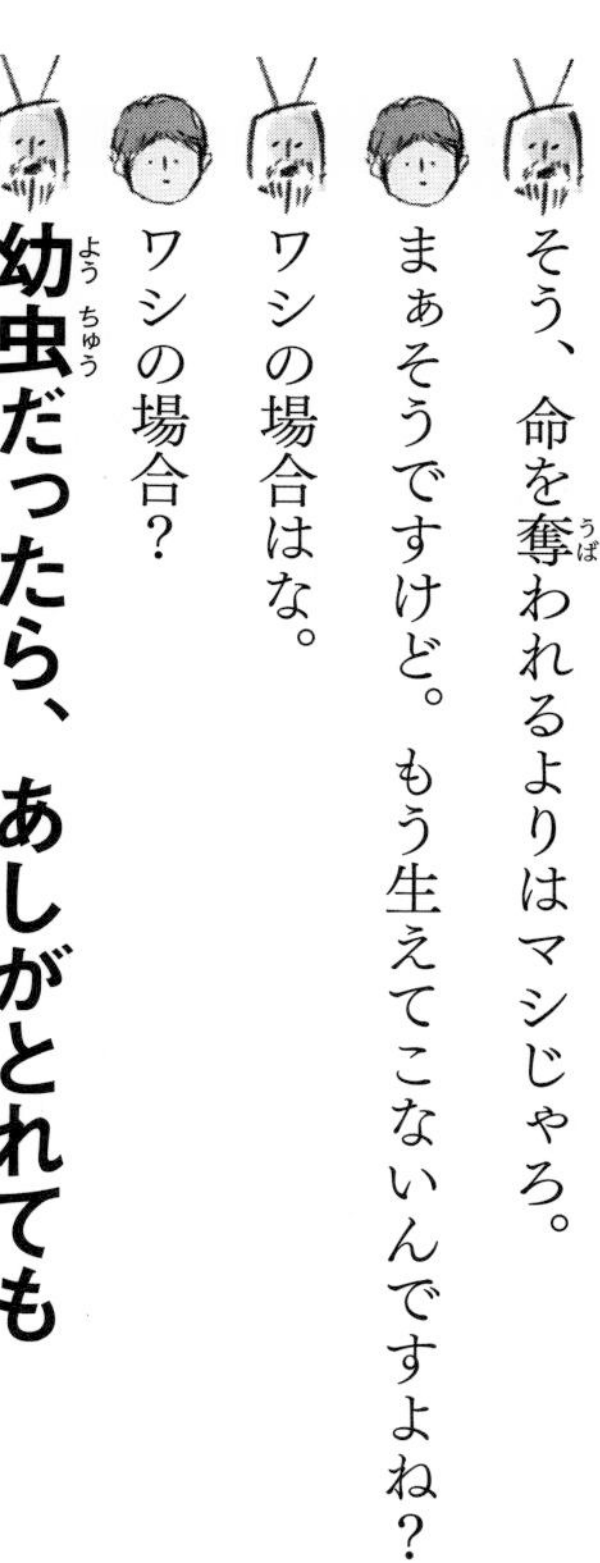

そう、命を奪(うば)われるよりはマシじゃろ。

まぁそうですけど。もう生えてこないんですよね？

ワシの場合はな。

ワシの場合？

幼虫(ようちゅう)だったら、あしがとれてもまた生えてくるんじゃ。※2

ええええ！

だが、ワシみたいに成虫になるともうダメじゃ。体が完成して固まっちゃってるからな。

じゃあ、ずっとそのままなんですか？

そうじゃ。そんなワシから言えることは1つ……

※2　エダナナフシの幼虫は、あしを失っても、脱皮を重ねるうちに再生する。

傷つくなら、若いうちに。

説得力がある……。

生き物は大きくなると、凝り固まって、変化に対応できなくなるんじゃ。だから、まだ柔軟な若いうちに、できるだけたくさん傷ついて、たくさん再生すべきじゃ。**凝り固まってから傷つくと、一生物の傷になるから**……ワシのあしみたいに。

そうですね……自分のやり方が固まってくると、周りの助言や指摘を受け入れづらくなってきますからね。

でもそれは人次第じゃ。体は年とともに凝り固まり、傷も治りにくくなるけど、心は別。人によって凝り固まる年齢も全然違うぞ。

確かに……。若いうちから頑固な人もいれば、年を重ねても柔軟な人だっていますからね。

さっきオヌシは、「虫の話を聞いて考え方が変わった」と言ってたじゃろう？　そうやって他者を受け入れる柔らかさがまだ残っているんじゃから、たくさん失敗して、傷つくといい。

はい……うぅ、でも、できれば失敗しても傷つかない強さがほしい。

「傷つかない」のは強さじゃない。傷ついても再生するのが本当の強さなんじゃ。心が凝り固まっていなければ、いつだって変われる。むしろ、傷つくから変われるんじゃぞ。

さっきからすごくいいことを教えてもらってると思うんですけど、1つ素朴な疑問が……そんなこと言いつつも、あなたはもう、自分を変えることができないほど凝り固まってるんですよね？

失礼な！ ワシが凝り固まってるのは体だけじゃから。心はピカピカの若者じゃからな！　でも今ワシ、すごく傷ついた。すごく傷ついちゃった！　この傷、一生治らないからねっ！

子供かっ！

エダナナフシの教え

本当の強さとは、「傷つかないこと」ではない。「傷ついても再生して前に進めること」じゃ。心が若いうちは、挑戦せずに傷つかないままでいるより、たくさん傷ついてたくさん再生したほうが、強くしなやかな生き方が身につくもんじゃよ。

それにな、挑戦するほうが、心は若く保てるんじゃ。

太郎と出会う5分前

カマキリよ!!
その足でかんべん!!
あぁ…
足をうしなってしまった…
ガックリ…
…
まっ!
なにはともあれ生きててよかった!!
ラッキー!!

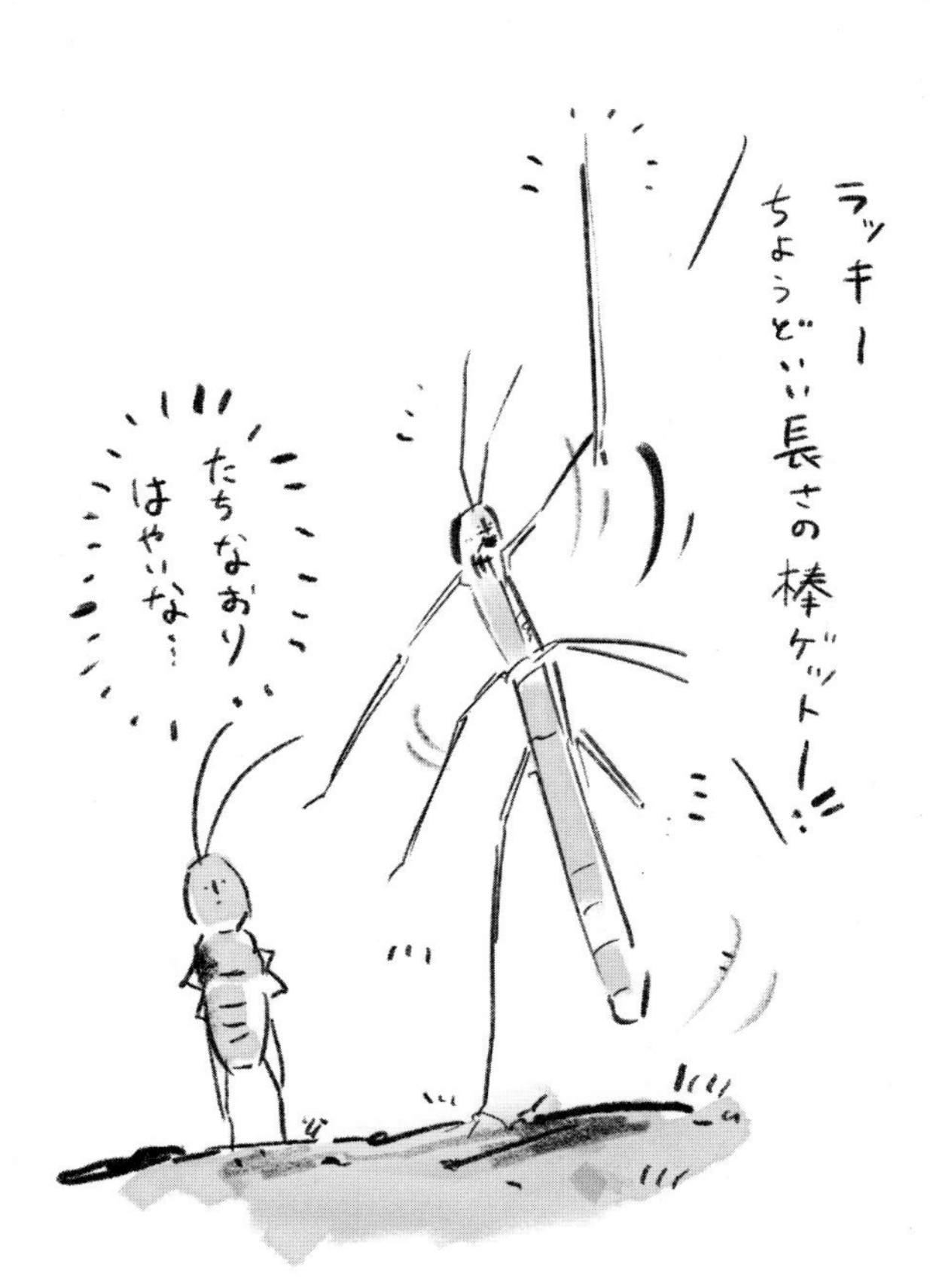
ラッキー
ちょうどいい長さの棒ゲットー!!
たちなおり
はやいな…

完全変態と不完全変態

昆虫の育ち方には、大きく分けて2つあります。完全変態と不完全変態です。

【完全変態】

卵→幼虫→さなぎ→成虫

幼虫は脱皮を重ね、さなぎを経てから成虫になります。また、成虫と幼虫では見た目が大きく変わります。ちなみに、昆虫の約8割は完全変態です。

例…チョウ・カブトムシ・クワガタムシ・テントウムシ・ハチ・アリの仲間など

【不完全変態】

卵→幼虫→成虫

幼虫は脱皮を重ねてそのまま成虫になります。そのため、成虫と幼虫の見た目は似ているものが多いです（ただしセミやトンボは、成虫と幼虫で見た目がかなり変わります）。

例…バッタ・コオロギ・ナナフシ・セミ・トンボの仲間など

一部の昆虫には、幼虫から成虫になるまで、形が変わらないものもいます。これを「無変態（不変態）」と言います。

例…シミ・トビムシの仲間など

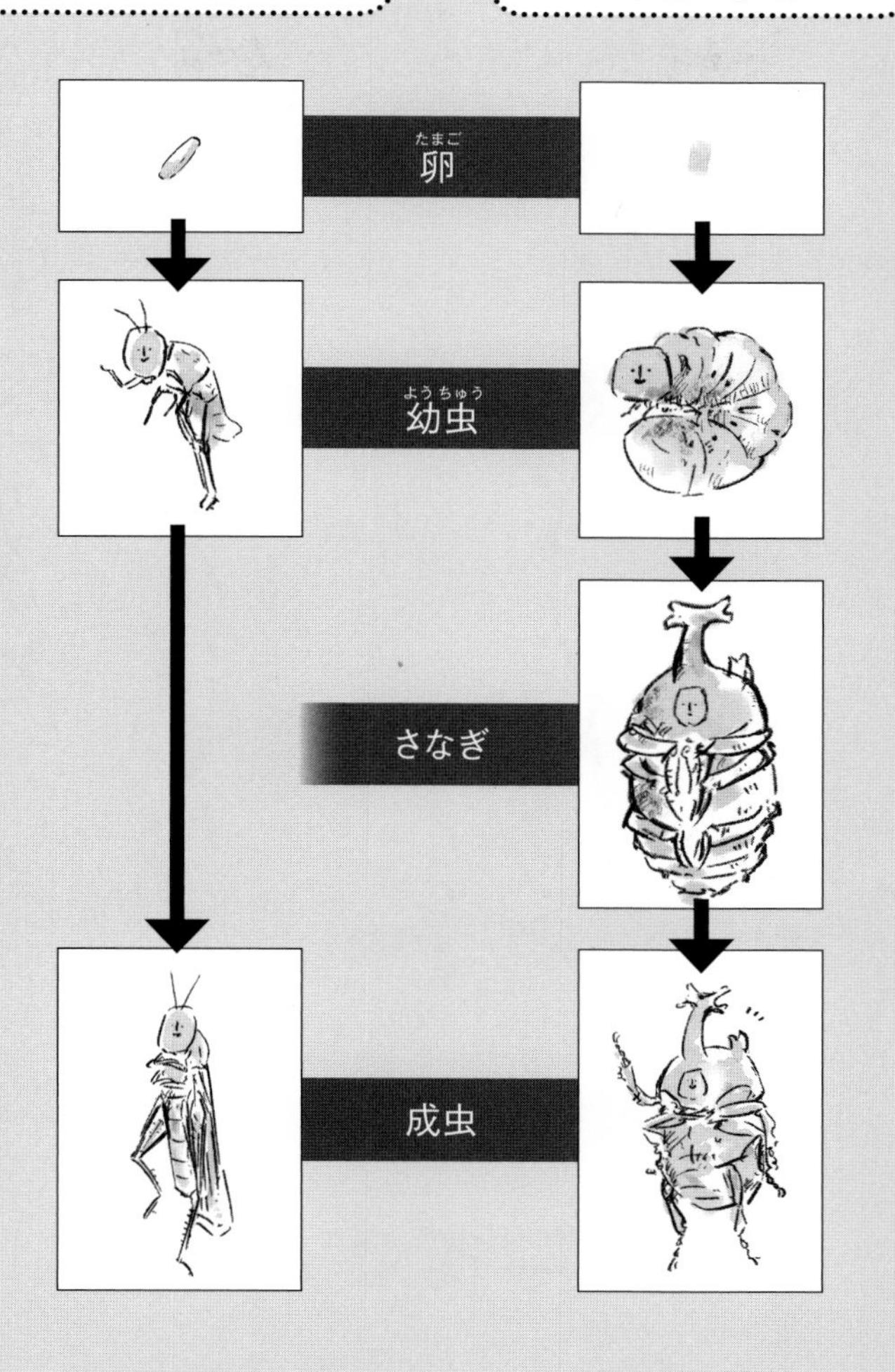
不完全変態
完全変態
卵
幼虫
さなぎ
成虫

本当に夢中になると、不満を抱くヒマがなくなる。

ここが雑木林の出口ですよ。

なんか不思議な時間だったなぁ。すみません、見送りしてもらっちゃって。

最後に何か、聞きたいことはありますか？

そもそもなんですけど……なんでここにいる虫たちは、ぼくにいろいろ教訓を与えてくれたんでしょうか？

あぁ、それはすごーく簡単な理由です。あなた、小さい頃から友達とこの雑木林で遊んでいたでしょう？

えっ？　それが理由ですか？

いや、その頃から、あなただけはいつも……

虫を踏まないように歩いてたからです。

この雑木林では伝説として語り継がれてたんですよ、

「虫踏まずの太郎くん」って。

だからお礼として、ぼくらが知ってる「自然の鉄則」を教えてあげようって話になったんです。「虫踏まずの太郎くん」、いい名前でしょ？

……まさかそんな小さなことを見てもらえてたなんて、感激です。

その呼び方もすごくうれしい！　もう1回言ってもらえますか？

いい名前でしょ？

そっちじゃなくて「虫踏まずの太郎くん」のほうです！

冗談ですよ、虫踏まずの太郎くん。でも、あなたにとって小さなことでも、ぼくたちにとっては大きなことだったんですよ。生死にかかわることなので。他に聞きたいことはありますか？

結構最初のほうから思ってたんですけど……ここにいる虫たち、みんなダジャレ好きというか、笑わせたり笑ったりするのが好きですよね。なんでですか？

それはね、つらいからですよ。

へっ？　どういうことですか？

生きるのって、基本的につらいんです。特にぼくたち虫は、いつだって死と隣り合わせだし。※1仲間も毎日バンバン命を落としていきますから。

なのになぜ、笑いを……。

つらい時に「つらい」って言うと、場が暗くなるじゃないですか。だからせめて、ユーモアで場を和ます、みたいな。

※1 昆虫の中で、卵から成虫になれるのは平均1〜2%ほどとも言われている。シビアな世界。

そんな理由!? でもそういえばさっき、だれかが似たようなこと言ってたなぁ（P79）。

実際のところは、場を和ますというより、自分自身を元気づけてるっていうのが、一番しっくりくるかもしれません。ユーモアを口にすると、自然とポジティブな気持ちになれますから。

必死なんですね……。

そう、ぼくたちは生きるのに必死だから、悲しんだり落ち込んだりする余裕はないんです。例えば天敵に食べられそうな時に、「つらーい」とか言ってられないでしょう？

確かに……（これも似たようなことをだれかが言ってたな（P44））。

でも、ぼくたち虫がこの地球上で一番繁栄できたのは、※2 そうやって夢中で生きてきたからなんです。いや、夢中じゃない……

※2 地球上の生き物の75％は昆虫と言われている。つまり地球は昆虫の星。

「夢虫」で生きているからなんです。

(これが言いたかったのか……)

今この瞬間を夢虫で生きているからこそ、全力で相手を気づかえるし、全力で自分を変えることができる。逆に**不満や不安は、夢虫でないから生まれるんです。**今を本当に本気で生きていれば、そんなことを考えるヒマはないはずなんです。過去を悔やまず、未来を不安がらず、今を夢虫で生きる。それこそが、本当の幸せなんです。ファーブルさんだって言ってましたよ、**「1分たりとも休むヒマさえない時ほど、人間は幸福なのだ」**※**って。**

ファーブルさん、名言の宝庫ですね……。

とは言っても、たぶん人間は昔の名残で、いい話より悪い話を心に

※ 1879年11月４日に息子・エミールに送った手紙の一節。この年、55歳のファーブルはようやく『昆虫記』の第１巻を出版している。最終巻（第10巻）を出版したのは83歳の時。ちなみに当時、『昆虫記』はほとんど売れなかった。

刻みやすくなっているから（P80）、不満や不安を全く抱かない、というのは無理だと思います。特に君の場合は一人で背負いすぎるところがあるから、**「生き抜こう」とばかりせず、時には「息抜こう」**と思うのも大切だと思いますよ。

……ありがとうございます。ぼくは自分の生き方を見失って、周りの人への不満ばかり言ってたけど、君たちの話を聞いて少し考え方が変わりました。周りの人じゃなく、自分自身を変えて、今を夢中で生きようと思います！　そう思えるようになったのも、君たちのおかげです。人間は「虫けら」なんて呼び方もするけれど、ぼくは絶対そんな呼び方はしません。「虫さん」たち、本当にありがとう！

いやいや「虫さん」だなんてそんな……

虫様でしょ！！

「虫様」って呼（よ）んでください。

お別れの時まで、笑いを入れてくるんですね。

「笑う虫には福来たる」※ですから。

……それはちょっと強引すぎです。

ただね、本当につらい時は、無理に笑って上を向こうとしなくてもいいですよ。むしろ下を向いてみてください。

下？

ぼくたちがいますから。

アリさん……（泣）。

さぁ、そろそろお別れです。最後に質問。君は人生に夢虫（むちゅう）ですか？

ぼくは人生に……夢虫（むちゅう）だぁ！

※ 実際のことわざは「笑う門（かど）には福来たる」。「門」は家の意味。明るく楽しそうに暮らす家には、自然と幸せが舞い込んでくるということ。

夢虫だぁ
夢虫だぁ
夢虫だぁ
夢虫だぁ
夢虫だぁ
夢虫だぁ
夢中ムだぁ
夢中ンだあ

夢の中だぁ
夢の中だぁ
夢の中だぁ
夢の中だぁ

気がつくと
ぼくは、

夢を見ていたようだった。

生きるのって、
つらいこともあるけれど、

もしも、
ホントに虫と
話せたら、
たぶん、
その時はきっと……

絵：じゅえき太郎

1988年生まれ。
イラストレーター、画家、漫画家。
身近な虫をモチーフに様々な作品を製作している。
●受賞歴
SICF16オーディエンス賞受賞
第19回岡本太郎現代芸術賞入選
●著書
『ゆるふわ昆虫図鑑 気持ちがゆる〜くなる虫ライフ 』(宝島社)
『ゆるふわ昆虫図鑑 ボクらはゆるく生きている』(KADOKAWA)
『じゅえき太郎の昆虫採集ぬりえ』(KADOKAWA)
『じゅえき太郎のゆるふわ昆虫大百科』(実業之日本社)
『ゆるふわ昆虫図鑑 タピオカガエルのタピオカ屋』(実業之日本社)
『すごい虫ずかん ぞうきばやしを のぞいたら』(KADOKAWA)
『すごい虫ずかん くさむらの むこうには』(KADOKAWA)
●イラスト・漫画担当
『小学館の図鑑NEO まどあけずかん むし』(小学館)
『不思議だらけ カブトムシ図鑑』(彩図社)
『昆虫戯画びっくり雑学事典』(大泉書店)
『丸山宗利・じゅえき太郎の㊙昆虫手帳』(実業之日本社)
●漫画連載中
まるやま昆虫研究所(毎日小学生新聞)
フロンターレこども新聞(川崎フロンターレ)
ゆるふわカエルのスパイラル探検(スパイラル)

文：ペズル

文筆家。著書に『三国志に学ぶ人間関係の法則120』、『せかいいっしゅう あそびのたび』(ともにプレジデント社)がある。

監修：須田研司

むさしの自然史研究会代表。多摩六都科学館や武蔵野自然クラブで、子どもたちに昆虫のおもしろさを伝える活動に尽力している。監修書に『みいつけた!がっこうのまわりのいきもの(1〜8巻)』(学研プラス)、『世界の美しい虫』(パイインターナショナル)、『ふしぎな世界を見てみよう!びっくり昆虫大図鑑』(高橋書店)、『世界でいちばん素敵な昆虫の教室』(三才ブックス)、『じゅえき太郎のゆるふわ昆虫大百科』(実業之日本社)、『昆虫たちのやばい生き方図鑑』(日本文芸社)、『すごい虫ずかん ぞうきばやしを のぞいたら』(KADOKAWA)などがある。

［主な参考文献］
『小学館の図鑑NEO〔新版〕昆虫』（小学館）
『小学館の図鑑NEO カブトムシ・クワガタムシ』（小学館）
『ビジュアル世界一の昆虫』著：リチャード・ジョーンズ（日経ナショナルジオグラフィック社）
『だから昆虫は面白い くらべて際立つ多様性』著：丸山宗利（東京書籍）
『昆虫はすごい』著：丸山宗利（光文社）
『超図解 ぬまがさワタリのふしぎな昆虫大研究』著：ぬまがさワタリ　監修：丸山宗利（KADOKAWA）
『世界でいちばん変な虫 珍虫奇虫図鑑』著：海野和男（草思社）
『ずかん 虫の巣』監修：岡島秀治　写真：安田守（技術評論社）
『世界でいちばん素敵な昆虫の教室』監修：須田研司（三才ブックス）
『じゅえき太郎のゆるふわ昆虫大百科』著：じゅえき太郎　監修：須田研司（実業之日本社）
『昆虫たちのやばい生き方図鑑』監修：須田研司（日本文芸社）
『世界珍虫図鑑』監修：上田恭一郎　著：川上洋一（人類文化社）
『世界の珍虫101選』著：海野和男（誠文堂新光社）
『日本産幼虫図鑑』監修：石綿進一、岸田泰則 他（学習研究社）
『虫の呼び名事典』写真・文：森上信夫（世界文化社）
『名前といわれ 昆虫図鑑』写真：栗林慧　文：大谷剛（偕成社）
『働かないアリに意義がある！』原作：長谷川英祐　漫画：いずもり・よう（メディアファクトリー）
『昆虫は最強の生物である』著：スコット・リチャード・ショー　訳：藤原多伽夫（河出書房新社）
『100分de名著 ファーブル昆虫記』語り手：奥本大三郎（NHK出版）
『ファーブルの生涯』著：G・V・ルグロ　訳：平野威馬雄（筑摩書房）
『岩波 ことわざ辞典』著：時田昌瑞（岩波書店）
『成語林 故事ことわざ慣用句』監修：尾上兼英（旺文社）

もしも虫と話せたら

2020年 8月 7日　第1刷発行
2023年10月12日　第2刷発行

絵　じゅえき太郎
文　ペズル
監修　須田研司（むさしの自然史研究会）
監修協力　近藤雅弘（むさしの自然史研究会）
発行者　鈴木勝彦
発行所　株式会社プレジデント社
〒102-8641 東京都千代田区平河町2-16-1 平河町森タワー 13階
https://www.president.co.jp/
電話：編集（03）3237-3732　販売（03）3237-3731
販売　桂木栄一　高橋 徹　川井田美景　森田 巌　末吉秀樹
装丁　華本達哉（aozora.tv）
編集　桂木栄一
制作　小池 哉
印刷・製本　株式会社ダイヤモンド・グラフィック社

©2020 JuekiTaro / Pezzle

ISBN978-4-8334-2379-3　Printed in Japan
落丁・乱丁本はおとりかえいたします。